数码摄影构图与色彩

从拍摄到后期

COMPOSITION & CLOLOR

FROM SHOOTING TO POST EDITING

单反摄影入门知识◎主编

北极光摄影◎编著

人 民 邮 电 出 版 社

北 京

图书在版编目（C I P）数据

数码摄影构图与色彩 ：从拍摄到后期 / 单反摄影入门知识主编 ；北极光摄影编著. -- 北京 ：人民邮电出版社，2020.8
ISBN 978-7-115-53858-1

Ⅰ. ①数… Ⅱ. ①单… ②北… Ⅲ. ①数字照相机—摄影构图 Ⅳ. ①TB86②J406

中国版本图书馆CIP数据核字(2020)第068403号

内 容 提 要

本书从构图的基本理论、色彩的基础知识、实拍技巧及后期处理四大方面，系统全面地介绍了前期拍摄与后期修片的关键知识和技法。书中精选了人像、风光、花卉、城市建筑、动物等典型拍摄主题，详细介绍了不同主题下的拍摄技法，并辅以丰富的图例，直观地展示出使用此技法后可以给画面带来的变化，从而让读者更容易理解和掌握。此外，针对部分前期拍摄技巧，本书还提出了完备的后期处理方案，将前期拍摄与后期处理相结合，旨在用后期完善前期，帮助读者创作出令人满意的摄影作品。

本书提供了后期处理案例的多媒体学习资料，读者可以通过扫描书中的二维码观看视频教程，学习后期修片的详细操作步骤。

本书适合刚接触摄影的读者。通过阅读本书，读者能够在较短时间内掌握诸多实用的构图技巧和后期处理技法，轻松应对不同的拍摄场景，让照片呈现出令人满意的效果。

◆ 主　　编　单反摄影入门知识
编　　著　北极光摄影
责任编辑　张　贞
责任印制　周昇亮
◆ 人民邮电出版社出版发行　　北京市丰台区成寿寺路 11 号
邮编　100164　　电子邮件　315@ptpress.com.cn
网址　https://www.ptpress.com.cn
天津市豪迈印务有限公司印刷
◆ 开本：690×970　1/16
印张：17　　2020 年 8 月第 1 版
字数：389 千字　　2020 年 8 月天津第 1 次印刷

定价：89.00 元

读者服务热线：(010)81055296　印装质量热线：(010)81055316
反盗版热线：(010)81055315
广告经营许可证：京东市监广登字 20170147 号

前言

本书大体上可以分为构图的基本理论、色彩的基础知识、实拍技巧及后期处理四大部分，具体内容细致划分如下。

第1章～第9章为构图的基本理论。书中详细介绍了什么是摄影构图、构图的现场性、构图的镜头性、通过优秀的照片学习摄影构图、绘画理论与摄影构图、优美意境照片的构图技巧、相机曝光设置等内容，结合器材知识的讲解，为后面进行实战拍摄打下了坚实的基础。

第10章为色彩的基础知识。本章剖析了色彩的性格、格调、冷暖的特点，讲解了对比色、互补色、高调、中间调、低调等在构图中增强视觉效果的应用，从而帮助读者解决在拍摄时遇到的画面层次感弱、被摄体不突出等问题。

第11章～第16章为实拍技巧。该部分分享了人像、山川、湖景、瀑布、云彩、云雾、冰雪、闪电、日出日落、草原、树木、花卉、建筑、城市夜景、动物和禽鸟等题材的实拍技巧，让读者在掌握理论知识的同时，也能补充足够的实战知识。

对于后期处理，本书并未以单独的章节进行介绍，而是将最典型、最实用的后期技巧融入以上三大部分中（在目录中以图标和鲜艳的字体颜色标示出来），用典型的后期处理案例，通过视频讲解详细剖析了后期调修技法及具体操作步骤。

可以说，本书为读者提供了一个完整的摄影学习体系，其中以图书为主要载体，以数字资源为后续支持，任何一个有学习意愿的读者，都能够借助这个体系轻松掌握所需要的摄影知识，并通过练习创作出令人满意的摄影作品。

编者

资源下载说明

本书附赠案例配套素材文件，扫描右侧的资源下载二维码，关注“ptpress 摄影客”微信公众号，即可获得下载方式。资源下载过程中如有疑问，可通过客服邮箱与我们联系。

客服邮箱：songyuanyuan@ptpress.com.cn

扫一扫 学摄影

资 源 下 载

扫 描 二 维 码
下载本书配套资源

目录

第7章 影响摄影构图的重要因素 106

第8章 常用的构图规则 120

第14章 城市建筑摄影构图技巧实战 242

第15章 夜景摄影构图技巧实战 256

第16章 动物与禽鸟摄影构图技巧实战 264

第1章 构图概述

1.1 什么是摄影构图

构图是造型艺术的专用名词，有组织、结构、联结的意思。

如果没经过专业训练的人，可能以为举起相机，随便拍摄下的画面就是构图。没有选择性、没有目标的乱拍一气实在算不上构图。举起相机用取景框对世间万物有针对性地取舍，那才是构图。构图主要是摄影者根据拍摄对象，结合自己想要表现的主题内容，有目的地组织安排画面，充分表达主题思想，寻找有力的拍摄角度，再运用色彩、对比、明暗、虚实等手段，通过一些艺术技巧和专业知识拍摄画面的过程。

汩汩的小溪静谧地流淌着，运用S形曲线构图表现出河流的蜿蜒流长

28mm ┊ f/8 ┊ 1/100s ┊ ISO 100

被摄者虽然不是在画面的居中位置，但是画面看起来反而更舒服，这是因为摄影师把模特安排在了黄金分割点上

50mm ┊ f/3.5 ┊ 1/800s ┊ ISO 100

1.2 构图的现场性

摄影面对的都是现场性的物体或事件，所以摄影者只能亲临现场拍摄，直接面对对象进行构图。

现场性的构图虽然有很多局限性，但正是这种现场性，也给摄影带来很多“纪实性”的特色。

现场构图比较困难，而且现场构图不代表摄影者可以随心所欲地组合画面，而是在拍摄时一定要考虑现场景物的众多差异和对比，并把主体表现出来。这就需要摄影者根据现场的特点对画面结构、布局和景物的描绘进行组合。

转瞬即逝的场景，需要摄影者有丰富的构图能力

200mm ¦ f/6.7 ¦ 1/1250s ¦ ISO 100

1.3 构图的镜头性

任何摄影作品都是通过镜头取景拍摄成功的，所以镜头在构图因素上功不可没。不一样的镜头下，相同的事物表现出来的效果是不一样的，选择合适的镜头可以化腐朽为神奇。例如，拍摄大场面的风景照时，可选择广角镜头，而人像则通常使用85mm的镜头，如要表现微观世界，则可选择微距镜头等。所以当摄影者进行拍摄时，一定要根据被摄物选择最恰当的镜头，这就需要在平常的拍摄中多多地积累经验。

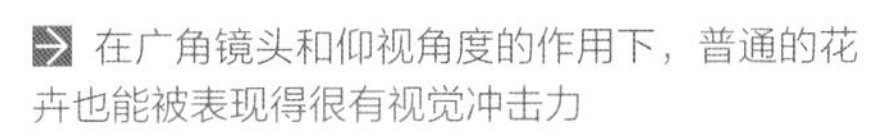

在广角镜头和仰视角度的作用下，普通的花卉也能被表现得很有视觉冲击力

18mm ¦ f/10 ¦ 1/1000s ¦ ISO 100

用后期完善前期：使用透视裁剪工具校正照片的透视

使用透视裁剪工具 可以很容易地校正照片透视问题，在裁剪过程中，该工具还提供了能够随着裁剪框的变化而变化的网格，因此应随时查看并确认裁剪框与参照物之间的平行关系。

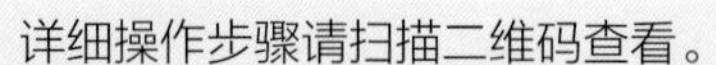

详细操作步骤请扫描二维码查看。

↑ 原始素材图

→ 处理后的效果图

用后期完善前期：校正画面的暗角

在本例中，首先是使用Camera Raw软件中的“镜头校正”功能，对建筑的透视变形和暗角问题进行校正处理，然后结合“相机校准”“基本”选项卡中的参数，对照片基本的曝光和色彩进行初步调整，最后使用“HSL/灰度”选项卡中的参数，对冷、暖色进行分别处理，从而强化二者的对比。

详细操作步骤请扫描二维码查看。

↑ 原始素材图

→ 处理后的效果图

1.4 构图的瞬间性

摄影之所以被称为“瞬间的艺术”，就是因为它能够表现我们日常看得见却无法感受到的瞬间。

摄影构图的瞬间性有两层意思：一个是曝光的瞬间，其次是对象变化的瞬间。摄影要表现的拍摄对象的动作通常都是几十分之一秒或几百分之一秒的瞬间画面。由于时间上的短暂性，就要求摄影者瞬间把握形象并完成构图。因为被摄对象是不断变化的，摄影者要利用好的瞬间构图把握好被摄物的形象，拍摄时一定要看准时机，按下快门。

要做好瞬间构图，一定要有敏捷的反应，能当机立断。当最合适的瞬间形象出现时，可以及时地按下快门。平时多浏览一些大师的作品，以便熟练掌握这种技能，确保获得清晰的影像。还要有敏锐的观察力、判断力，才能不断发现新的事物，并用自己纯熟的摄影技能记录精彩瞬间。生活中也要多培养造型能力、艺术素养和审美能力，以保证这些美妙瞬间具有美感，吸引观者的注意力。

↑ 在拍摄雪鸮振翅欲飞的瞬间时，一定要预先准备好合适的构图

400mm ┆ f/5.6 ┆ 1/640s ┆ ISO 500

1.5 好构图应该主题鲜明

想要获得优秀的摄影作品，即便万事俱备，最终效果也不一定尽如人意，因为还要考虑如何去表达主题思想，这就需要一些构图的基础知识和长期功底了。

画面主题是一幅好摄影作品的灵魂，要表达什么？拍摄的目的是什么？主题就是我们拍摄这张照片所要传递的信息。若一张照片让人看了不知所云，那实在是一张很失败的作品。至于画面主题可以是任何词汇，像“冬季”“绿”“幸福”等都可以，但如何体现，就需要根据拍摄对象来决定了。我们可以从现实生活中寻找素材，无论是生活中常见的，还是外出游玩时的山水景致都可以。但有时就算主题已经确定好，还要看被摄对象是否符合当时的要求。当然我们也可以先确定想表现的素材，再具体选择想表达的内容。

有了明确的主题，在合适的时机用相机捕捉到合适的画面内容，并且所呈现的画面与主题可以让人一目了然，这无疑离一幅好作品不远了。所以明确的主题对于一幅好作品来说非常重要。

个 虚化了的简洁背景，主体很突出，画面很明了

100mm ┆ f/5.6 ┆ 1/250s ┆ ISO 200

1.6 好构图往往画面简洁

想要画面效果突出，除了主题鲜明外，构图简洁非常重要，这样我们想要表现的主体也不至于埋没在繁杂的背景，或是乱七八糟的环境里。

简洁明了的画面不仅主题表达更明确，仅从视觉上就使人感觉很舒服，这就要面对取舍的问题了。在构图时，我们有必要把那些分散注意力、干扰主题思想的不利因素排除掉，用自己的构图知识和技巧把有利于表现主题的部分突显出来。不利因素越少，主题鲜明就越容易做到。

在光线和雾气的作用下，形成了简洁的画面，给人一种意境美

70mm ┆ f/11 ┆ 1/160s ┆ ISO 100

1.7 拥有形式美也是好构图

好的摄影作品必然是少不了"美"的，好看的画面总是让人流连忘返。若想要达成这个目标，明确地表达画面内容是一部分，而更能吸引人的则是画面的形式美。这就要求摄影者有较高的审美能力和观察力。简单的布局只是一种方法，通常我们要根据被摄体的特点，并将各种因素巧妙地组合在一起，使画面更具美感。

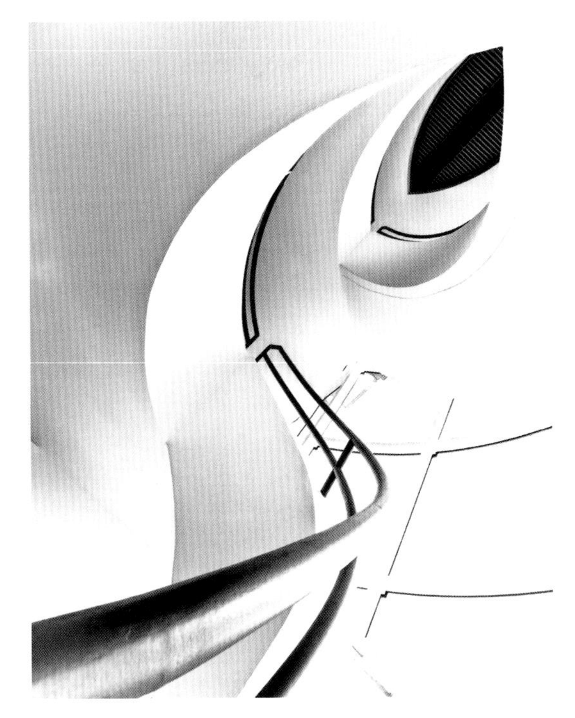

仰视拍摄蜿蜒的楼梯使画面具有形式美感

24mm ┆ f/6.3 ┆ 1/80s ┆ ISO 500

1.8 好的构图可以把普通的物体变得不普通

虽然我们总是在勤奋地拍摄，可往往获得的照片却差强人意，这究竟是为什么呢？仔细观察自己以往拍摄的照片不难发现，我们的画面内容大多是杂乱无章的，拍摄的角度也平淡无奇，根本就是日常再普通不过的视觉角度。

反观大师的作品，虽然画面内容和我们的一样，但是感觉却完全不同，这就是构图的魅力。选择合适的背景、恰当的角度拍摄出来的照片就完全变了样，把平时司空见惯的东西拍出个性，让人一目了然。

拍摄常见的摩天轮时，摄影者选择用天空占据画面的一半，使摩天轮的画面有了一番很美妙的意境

70mm ┆ f/6.3 ┆ 1/800s ┆ ISO 160

1.9 考虑构图是摄影师必备的知识

当摄影者面对自己想要表现的主体时，就必须考虑如何用镜头捕捉自己需要的画面，并让观者可以通过画面了解其创作意图。

摄影者将各种有利的视觉信息用丰富的方式组合在一起，根据不同的形态和性质设定不同的构图方式，创作出能够产生视觉吸引力的画面。而好的构图可以使观者更迅速地获得启迪，这需要摄影者通过一种最简单、最直接的画面的方式将信息传达给观者。

采用与平时不一样的视角构图，从而使画面呈现出与众不同的感觉

60mm ┆ f/8 ┆ 1/160s ┆ ISO 100

1.10 利用构图表现完全不同的视觉效果

任何事物都有很多不同的面，以不同的构图方式来拍摄，效果大相径庭。如拍摄一棵小草，要是用平时的角度从上往下拍摄，根本无法突出小草的特点，甚至可能将其埋没在一堆小草中。如果我们用大光圈虚化背景，从下往上拍，仅仅突出想要表现的那一棵小草，则更容易表现小草的生命力与张力。

拍摄的时候我们可以靠近、再靠近，像那句著名的话一样："如果你的照片不够好，那是因为你靠得不够近！"

拍摄时可以尝试从被摄体的前、后、左、右、上、下等不同的角度、不同的距离进行拍摄，尽可能地选择最适合表现被摄体特色的构图。有了这样敏锐的观察力，我们就可以从平常的事物中发现不同的美感，拍摄出不同寻常的作品来。

摄影可以把我们平时不常见的细节部分展示出来。如下图将嫩黄的花蕊表现得非常细腻，这样的画面生活中并不常见。

细节的表现往往有种意想不到的美

105mm ┆ f/7.1 ┆ 1/250s ┆ ISO 100

1.11　构图与对焦的关系

要成功地完成一个摄影作品，对焦是最重要的操作步骤。简单地说，对焦就是将主体清晰地表现出来，尤其在浅景深时，对焦是否准确、对焦位置的选择，都对最终画面效果有着极大的影响。

一般在半按快门的情况下，对焦与构图的顺序为先进行对焦，然后半按快门进行构图。

在拍摄动态对象时，还可以先构图，然后等待被摄体动的一瞬间对焦拍摄。

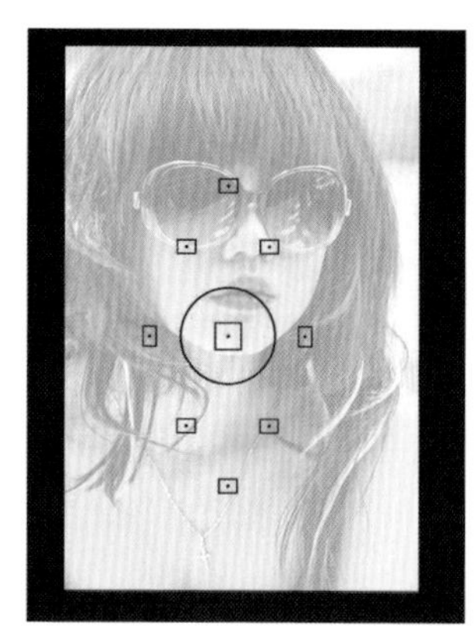

个 使用长焦镜头对主体进行对焦后，再使用中焦镜头进行构图拍摄

85mm ¦ f/3.2 ¦ 1/320s ¦ ISO 100

第2章

摄影构图的方法与拍摄实战

2.1 通过优秀的照片学习摄影构图

优秀的摄影作品在构图方面都具有非常值得学习之处，最典型的案例就是，一群摄影爱好者相约去同一个地方创作，而得到的摄影作品给人的画面感受却大相径庭，这其中画面构图就是极为重要的影响因素，通过观摩这些成功作品的构图不失为一个很好的学习途径。

现在网络上有大量摄影论坛，其中不乏各类摄影题材的摄影高手，通过学习体会这些高手在拍摄时运用的构图方法，能够快速地积累构图经验。

利用广角镜头仰视拍摄，使新娘的婚纱呈近大远小的透视效果，斑斓的云彩和飘逸的头纱渲染了画面气氛

18mm ┊ f/16 ┊ 1/250s ┊ ISO 320

2.2 学习成熟的构图理论

摄影史长达百年，在这么长的发展时间内，摄影者总结出了若干种构图方法，例如，九宫格、三角形、S形曲线和水平线等构图规则。对于摄影初学者而言，熟记并理解这些构图规则，并在摄影实践中灵活运用，有助于自己的照片看上去更美一些。

使用对称式构图拍摄镜面似的湖泊，画面看上去十分静逸、唯美

35mm ┊ f/18 ┊ 1/80s ┊ ISO 100

2.3 绘画理论与摄影构图

摄影与绘画一样，都是一种成熟的视觉艺术，两者之间具有艺术共性，例如黑白摄影以黑、白、灰来再现自然界的色彩，美术素描中物体色彩的明部、暗部和格调也是通过黑、白、灰来实现的。彩色摄影中利用自然光或人造光线来决定照片的冷暖调，美术中的油画和水粉画也是巧妙地利用各种光线来决定画面的色调。摄影构图中的井字法、平衡、空白和对比等方法皆来自绘画构图，特别是画论中的“画有法，画无定法”，这一辩证观点已成为学习构图的指导思想。

因此，如果希望切实提高摄影构图理论，有时不一定非要阅读摄影书籍，通过阅读与绘画理论有关的图书，也能够触类旁通，举一反三。

但是要注意的是，摄影艺术和绘画艺术虽然同属造型艺术，但毕竟分属于不同的艺术门类，因此具有不同的艺术个性。例如，摄影用的是“减法”，而绘画者在构图时则用“加法”。因此，在学习绘画艺术理论并以其指导自己的摄影构图艺术创作时，要能够区别对待。

利用留白表现云雾缭绕的群山景象，好似一幅泼墨国画，单色的画面透露着一股飘逸、清新的感觉

40mm ¦ f/9 ¦ 1/20s ¦ ISO 100

2.4 构图学习与创新

虽然前文提到了若干种构图规则，但如果要拍摄出与众不同的好照片，却并非只记住那些规则这么简单。

要创意就必须记住“艺有法，而无定法”，明白拍摄平静的湖泊不一定非要使用水平线构图法，拍摄高楼不一定非要仰拍，只有将这些条条框框都抛到脑后，才能用一种全新的方式来构图。这并不是说不用学习基础的摄影构图理论，而是指在融会贯通所学理论之后可以进行构图的创新，并且这种创新不会脱离基本的美学轨道。正所谓，先有法，后无法，只有掌握了一定法则的高手，才能够通过变通做到无法。

“框”起来构图可以更快速地帮助摄影爱好者构图，是初学摄影的朋友经常使用的构图方法

50mm ┊ f/2.8 ┊ 1/200s ┊ ISO 100

2.5 学会从摄影构图的角度观察

观察是摄影创作过程中非常重要的一个环节，要从纷乱的环境中找到值得拍摄的画面，而不是随意、漫不经心地去看，这就需要一定的观察力。在决定拍摄前，不妨问自己以下几个问题。

为什么要拍摄这张照片？——确立拍摄的目的。

向观者展示什么？——通过摄影传达自己的感受，即照片的主题。

这是不是最好的拍摄对象？——尽可能地去寻找极致的拍摄对象，画面的表现力会更强。

构图是否有新意？——尽可能地尝试一些与众不同的构图。

以上这些问题，只是针对大多数拍摄题材时需要考虑的一些通用性问题，而在拍摄特定题材时，更应该主动思考这些问题。

看似普通的构图方式，实际上是摄影师经过精心设计的。前景绿色的苔藓与天空暖色的晚霞形成色彩对比，且形成的透视牵引使画面具有更强的纵深感和空间感

26mm | f/16 | 1/2s | ISO 100

例如，拍摄草原上的马匹时，不妨问一下自己，为什么从成群的马匹中选定这一匹？

是选择奔跑中的，还是选择静立的更好一些？

是选择局部特写，还是选择带环境的全景？

画面对于传达主体的信息是否恰当？

背景是该虚化，还是保持清晰？

是否能对画面的立意起到补充作用？

这里是不是最佳的拍摄地点和拍摄角度？

这些问题实际上都与构图息息相关，只有很好地回答这些问题才能，在安排构图时胸有成竹。

2.6 优美意境照片的构图技巧

在美学中，优美是相对于“壮美”而言的，通常指一些外形小巧、精致漂亮、整齐有序的景物。这在日常生活中比较常见，如艳丽的花卉和精致的工艺品等。营造优美的意境是文学和艺术中最常用的手法，在摄影中也是如此。

具有优美意境的摄影作品往往有秩序、很整齐、富有节奏，给人一种和谐的视觉感受。人们在欣赏优美的照片时，往往会有一种赏心悦目的感觉，所以大家都对这种有意境的景物喜闻乐见。从照片效果来看，优美的照片通常都是采用平视角度进行拍摄的，画面的明暗反差较小，色彩和谐，给人以柔和、平缓的感觉。

优美意境的对象包括人物、自然景观等。拍摄具有优美意境的人物画面时，通常要表现人物真善美的品格，包括外在的形体美和内在的心灵美，如拍摄儿童和美女；而拍摄优美意境的自然景观时，则应体现形式美，如优美恬静的田野、云雾缭绕的山峦及迎风摇曳的花朵等。

拍摄具有优美意境的照片，最好能使用50mm标准镜头。因为标准镜头的视角和人眼差不多，使用其拍摄的照片看起来更加亲切、真实，有利于优美意境的营造。

个 在晴朗的天气下拍摄花卉时，将勤劳的蜜蜂也纳入画面中，“蜂恋花”为画面增添一种和谐的优美意境

200mm ┊ f/3.5 ┊ 1/1000s ┊ ISO 100

2.7 悲剧意境照片的构图技巧

悲剧意境的对象主要是人，包括新生力量的毁灭、旧事物的消亡或小人物的悲惨命运等。但悲剧绝不仅仅依附于战争、疾病、死亡等字眼，反而在日常生活中的悲剧更发人深省。比如查尔斯 • 埃贝茨拍摄的《摩天楼顶上的午餐》，从画面中人物的表情来看，并不能发现太多悲剧的表象，而正是这种看似平常的状态与不平常的环境产生了极大反差，这种反差不禁让人感叹生活的残酷与不易。

也正因如此，具有悲剧意境的摄影作品更多地被应用在纪实题材方面。摄影师通过悲剧表现手法，使照片具有非常深刻的表现力和感染力。

↑ 靠近画面边缘的一名男子背对镜头坐在台阶上，面对着嘈杂的、来来往往的人群，用众人来衬托主体的孤独与凄凉

24mm ┊ f/18 ┊ 1s ┊ ISO 200

第3章

轻松掌握曝光

3.1 准确曝光与正确曝光的区别

正确曝光不是准确曝光，一字之差，两者间的意义却截然不同。例如，为了使拍摄的场景有高调的感觉，可以适当地加大曝光量使画面稍微曝光过度，这就是正确曝光。但如果按相机自己测算的所谓准确曝光值来拍摄的话，则会导致画面发灰，无法突出高调效果。同理，在表现低暗阴沉的画面时，适当地缩小曝光量使画面稍微曝光不足，也是正确曝光。

大部分曝光准确的照片都要求画面无论是哪个部分都要有细节，不允许有过黑或过白的情况出现，但在特殊情况下，如拍摄波光粼粼的水面时，那些闪亮的光斑就是没有细节的，或者在拍摄剪影作品时，剪影部分大多都是黑色无细节的，像这样的照片也是曝光正确的作品。

因此，评论一幅作品曝光正确与否不应只看画面的细节，还应看这幅作品中的内容与摄影师所表达的主题是否相符，画面主体关系是否自然，主体表达是否得当。就像画画一样，该重的地方是否重了，该浅的地方是否浅了，而这些都与正确曝光有很大关系。

3.2 认识相机的曝光控制

曝光是指光与数码相机的感光元件产生反应后，将图片信号转存至存储卡，从而形成影像的过程。

曝光是摄影师举起相机首先要考虑的问题之一。虽然在大多数情况下，依靠相机中的内置测光表所提供的曝光数值，便可以较容易地获得准确曝光。但对于拍摄环境较为复杂，光线较难把握，或者想要创作出独特效果的情况，就需要摄影师自主、灵活地进行曝光控制。因此，还需要进一步了解快门速度、光圈和感光度等与曝光设置之间的关系，只有了解并掌握了这些知识，才能获得更为准确的曝光参数。

黄昏时分拍摄时设置较小的光圈，不仅可以得到大景深的画面，也能使漫天的彩霞看起来更有层次感

100mm | f/5.6 | 1/800s | ISO 100

3.3 曝光三要素之光圈

光圈的概念

光圈指的是位于镜头内，由多片很薄的金属叶片组成，用于控制相机进光量的装置。光圈的大小用光圈系数来表示。理解光圈对于相机进光量的控制原理，对于拍摄出曝光准确的照片具有很重要的意义。

不同光圈值下镜头通光口径的变化

设置不同的光圈值时，光圈叶片的闭合程度是不同的。光圈越小，镜头叶片闭合得越紧密，光线通过量越小，曝光时间越长。

光圈的表示方法

光圈的大小用F（f/）数值来表示，通常以f/1.4、f/2、f/2.8、f/4、f/5.6、f/8、f/11、f/16和f/22等数值来标记。F系数的计算公式为：F=镜头焦距/进光孔直径。因此，对于同一焦距的镜头来说，F系数的值越小，表示相机进光孔直径越大；反之，F系数的值越大，则表示相机进光孔直径越小。

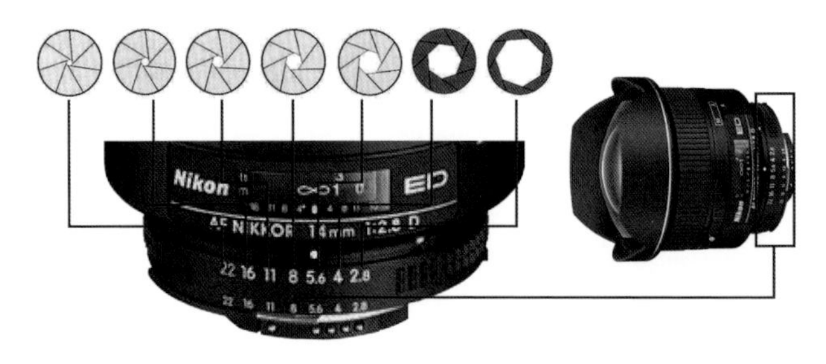

从镜头的底部可以看到镜头内部的光圈金属薄片

操作方法 佳能数码单反相机设置光圈值的方法

在使用M挡拍摄时，转动速控转盘来调整光圈；在使用Av挡拍摄时，可旋转主拨盘来调整光圈

操作方法 尼康数码单反相机设置光圈值的方法

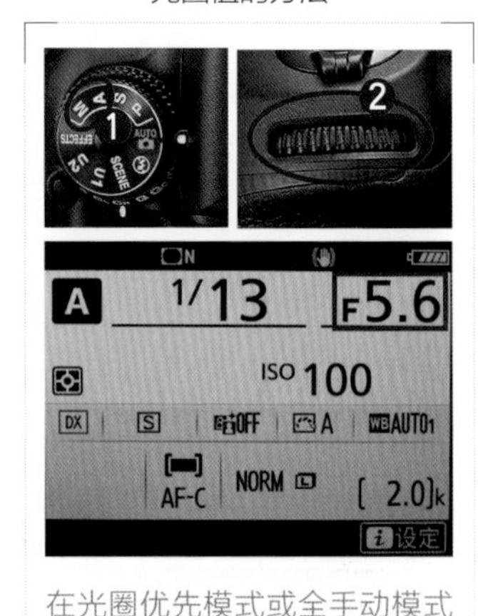

在光圈优先模式或全手动模式下，转动副指令拨盘可选择不同的光圈值

光圈值与镜头通光口径的关系

光圈值等于镜头的焦距除以光圈的有效口径，所以，当拍摄时所使用的焦距与光圈值确定时，可以推算出此时镜头的通光口径。例如，对于35mm f/1.4的镜头而言，当最大光圈值设置为f/1.4时，镜头光圈的通光口径就是35÷1.4=25mm。

虽然光圈值用于确定镜头的光圈大小，但当镜头焦距发生变化时，光圈的通光口径也会随之改变。例如，假设镜头的焦距为300mm，则以f/1.4光圈进行拍摄时，镜头的通光口径就是300÷1.4≈214mm。通光口径如此大的镜头的体积通常也非常大，价格也很高昂。

理解可用最大光圈

虽然光圈数值是在相机上设置的，但其可调整的范围却是由镜头决定的，即镜头支持的最大和最小光圈，就是在相机上可以设置的光圈上限和下限。

例如，对于尼克尔AF-S 24-70mm f/2.8G ED这款镜头而言，无论使用哪一个焦距段进行拍摄，其最大光圈都只能够达到f/2.8，不可能通过设置得到f/2或f/1.8这样的超大光圈。因此，在参考或模仿其他优秀作品进行拍摄时，一定要注意观察其拍摄参数的光圈值，以确定自己所使用的镜头是否能够达到要求。

设置合适的光圈值得到了虚化背景的效果

50mm ┆ f/1.4 ┆ 1/200s ┆ ISO 320

画质最佳光圈

任何一款相机镜头都有一挡成像质量最佳的光圈，这挡光圈俗称“最佳光圈”。通常，将镜头的最大光圈收缩两三挡即为最佳光圈。而随着光圈逐级缩小，受到光线衍射效应的影响，画面的品质也会逐渐降低。

在拍摄人像或商业静物题材时，应该尽量使用画质最佳的光圈。

商业题材对画质的要求较高，因此在拍摄时需要注意光圈的设置

50mm ┆ f/8 ┆ 1/250s ┆ ISO 100

画质最差光圈

如前所述，在拍摄时如果使用的镜头光圈较小，就会因衍射效应而影响画质。要理解这一点，首先必须明白什么是衍射效应。

衍射就是指当光线穿过镜头光圈时，光在传播的过程中发生方向弯曲的现象。光线所通过的孔隙（光圈）越小，光的波长越长，这种现象就越明显。因此，拍摄时所用的光圈越小，到达相机感光元件的衍射光占比就越大，画面的细节损失就越多，画质就越差。

因此，在拍摄时要避免使用过小的光圈。

拍摄风光时不要为了得到大场景而将光圈设置到最小，应稍微放大一两挡，确保画质细腻

21mm ┆ f/16 ┆ 1/200s ┆ ISO 100

3.4 曝光三要素之快门速度

快门与快门速度

快门是相机中用于控制光线进入相机的一种装置。当快门开启时，曝光开始，光线通过镜头到达相机的感光元件上，形成图像；当快门关闭时，曝光结束。

快门开启的时间被称为快门速度，在摄影中每当提及快门时通常都是指快门速度。

快门速度的表示方法

快门速度是用秒作为单位的数值来表示的，通常标示为1、2、4、8、15、30、60、125、250、1000、2000、4000、8000，其实际意义是指1s、1/2s、1/4s、1/8s、1/15s、1/30s、1/60s、1/125s、1/250s、1/1000s、1/2000s、1/4000s和1/8000s。因此数值越大，实际上快门开启的时间越短，进光量也越少。

在实际拍摄时，摄影师可以根据需要调整快门速度，以获得想要表现的画面效果。相机预设的快门速度通常在1/4000～30s（高端相机的快门速度能达到1/8000s）。

35mm ¦ f/14 ¦ 1/30s ¦ ISO 500

35mm ¦ f/10 ¦ 1/2s ¦ ISO 100

上图设置了较高的快门速度，而下图设置了较低的快门速度，可明显看出两张照片的清晰度不一样

操作方法 佳能数码单反相机设置快门速度的方法

在使用M挡或Tv挡拍摄时，直接向左或向右转动主拨盘，即可调整快门速度数值

操作方法 尼康数码单反相机设置快门速度的方法

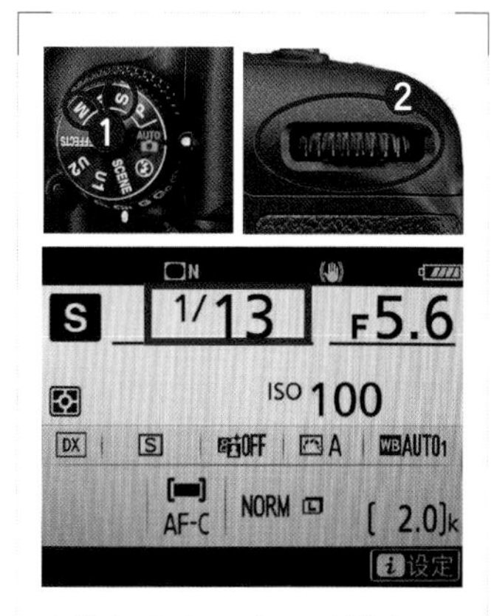

在快门优先和全手动模式下，转动主指令拨盘即可选择不同的快门速度数值

快门速度对照片的影响：明亮与暗淡

快门的主要作用是控制相机的曝光量，在光圈不变的情况下，快门速度越慢，快门开启的时间越长，进入相机的光量越大，感光元件接受光线照射的时间越长，曝光量也越大；快门速度越快，快门开启的时间越短，进入相机的光量越少，感光元件接受光线照射的时间越短，曝光量也越小。

在光圈不变的情况下，快门速度延长或缩减一倍，相机的曝光量会相应增加或减少一半。例如，1/125s的曝光时间是1/250s的两倍，使用1/125s快门速度拍摄时，相机的曝光量是使用1/250s快门速度拍摄时相机的曝光量的两倍。

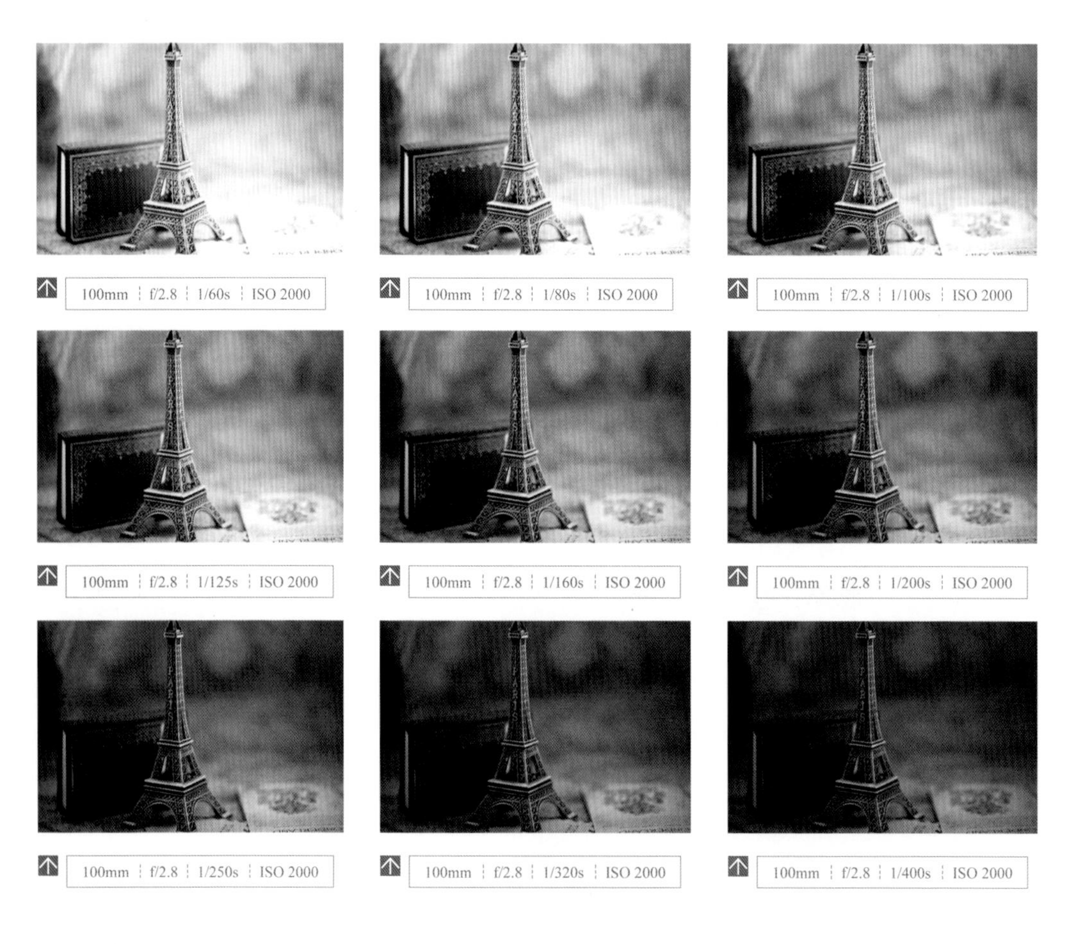

100mm | f/2.8 | 1/60s | ISO 2000

100mm | f/2.8 | 1/80s | ISO 2000

100mm | f/2.8 | 1/100s | ISO 2000

100mm | f/2.8 | 1/125s | ISO 2000

100mm | f/2.8 | 1/160s | ISO 2000

100mm | f/2.8 | 1/200s | ISO 2000

100mm | f/2.8 | 1/250s | ISO 2000

100mm | f/2.8 | 1/320s | ISO 2000

100mm | f/2.8 | 1/400s | ISO 2000

拍摄上面展示的这组照片时，快门速度依次设置为1/60s、1/80s、1/100s、1/125s、1/160s、1/200s、1/250s、1/320s和1/400s。通过对比可以看出，快门速度为1/60s时，画面有些曝光过度，部分亮部缺少细节；快门速度为1/80s时，画面偏亮，但画面整体还是有细节的；快门速度为1/125s时，画面曝光正常，画面细节丰富；快门速度为1/200s时，画面明显曝光不足，整体偏暗。

快门速度对照片的影响：动感与静止

快门速度不仅影响进光量，还会影响画面的动感效果。表现静止的景物时，快门的快慢对画面不会有什么影响，除非摄影师在拍摄时有意摆动镜头；但在表现动态的景物时，不同的快门速度就能营造出不一样的画面效果。

右侧前三排的照片是在焦距和感光度都不变的情况下，分别将快门速度依次调慢所拍摄的。

对比这组照片可以看出，当快门速度较快时，喷泉被定格为清晰的影像，但当快门速度逐渐降低时，喷涌的泉水在画面中逐渐变为模糊的运动线条。

由上述可见，如果希望在画面中表现运动对象的精彩瞬间，应该采用高速快门。被拍摄运动的速度越高，要采用的快门速度也越快，以在画面中将动态对象定格在画面中，形成一种时间静止的效果。

如果希望在画面中表现运动对象的动态模糊效果，可以使用稍低一点儿的快门速度，以使其在画面中形成动态模糊效果，按此方法拍摄流水、夜间的汽车、风中摇摆的植物或流动的人群等，均能得到充满动感、流畅生动的画面效果。

100mm | f/6.3 | 1/500s | ISO 100

100mm | f/9 | 1/200s | ISO 100

100mm | f/14 | 1/80s | ISO 100

100mm | f/25 | 1/30s | ISO 100

100mm | f/32 | 1/20s | ISO 100

100mm | f/36 | 1/13s | ISO 100

180mm | f/6.3 | 1/1250s | ISO 100

80mm | f/20 | 30s | ISO 100

3.5 曝光三要素之感光度

感光度的概念

数码单反相机的感光度概念是从传统胶片感光度引入的，是指用各种感光度数值来表示感光元件对光线的敏锐程度，即在其他条件相同的情况下，感光度越高，获得光线的数量就越多。

但需要注意的是，感光度越高，产生的噪点就越多；低感光度的画面则清晰、细腻，细节表现较好。

ISO 400拍摄的效果

ISO 500拍摄的效果

ISO 640拍摄的效果

ISO 800拍摄的效果

ISO 1000拍摄的效果

ISO 1250拍摄的效果

上面展示的一组照片是在其他曝光因素不变的情况下，增大感光度数值的拍摄效果。可以看出由于感光元件的敏感度提高，在相同的曝光时间内，使用高感光度拍摄时，曝光更加充分，因此画面显得更明亮，但要控制感光度数值不要太高，否则画面中会出现很多噪点。

操作方法 尼康数码单反相机设置感光度的方法

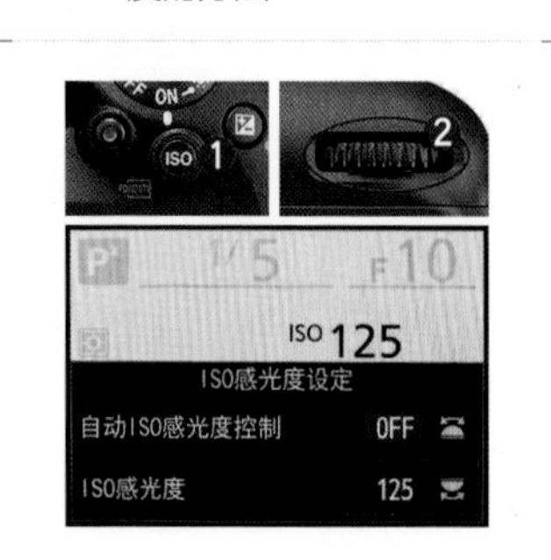

按下ISO按钮并转动主指令拨盘，即可调节ISO感光度的数值

操作方法 佳能数码单反相机设置感光度的方法

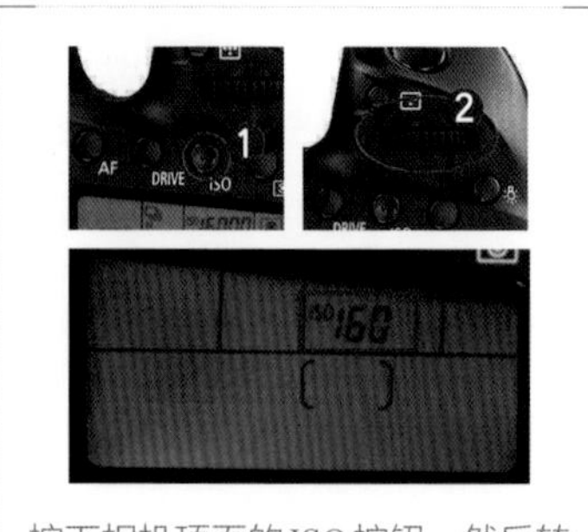

按下相机顶面的ISO按钮，然后转动主拨盘即可调节ISO感光度的数值

不同相机感光度的特点

不同相机对于感光度的控制能力也不尽相同。下面的表格分别针对佳能与尼康展示了不同相机的感光度范围，基本的规律是越高端的相机感光度的范围就越广。

APS-C画幅/DX画幅		
佳能	Canon EOS 800D	Canon EOS 80D
ISO感光度范围	ISO 100～25600 可以向上扩展至 ISO 51200	ISO 100～16000 可以向上扩展到ISO 25600
尼康	Nikon D5600	Nikon D7500
ISO感光度范围	ISO100～ISO25600	ISO 100～51200 可以向下扩展至ISO 50，向上扩展到ISO 1640000
全 画 幅		
佳能	Canon EOS EOS 6D Mark Ⅱ	Canon EOS 5D Mark Ⅳ
ISO感光度范围	ISO 100～40000 可以向下扩展至ISO 50，向上扩展至ISO 102400	ISO 100～32000， 可以向下扩展至ISO 50，向上扩展至ISO 102400
尼康	Nikon D810	Nikon D850
ISO感光度范围	ISO 64～12800 可以向上扩展到ISO 51200	ISO 64～25600 可以向下扩展至ISO 32，向上扩展到ISO 102400

35mm ┆ f/10 ┆ 1/30s ┆ ISO 100

高低感光度的优缺点分析

不同的ISO感光度有各自的优点和缺点。在实际运用中会发现，没有哪个级别的感光度是可以适合每一种拍摄状况的。所以，如果一开始便知道何时使用何种级别的ISO（低、中、高），这样就能最大限度地发挥相机设置，拍出最好的效果。

低ISO（ISO 50~200）

优点及适用题材：低感光度的使用可以获得质量很高的影像，色彩和色调的表现也非常不错，并且会极大地降低噪点，有利于追求高质量影像，例如拍摄风景和人像时，经常使用低速感光度。在拍摄模糊动态效果时，例如丝滑的水流、流动的云彩等时，可以帮助降低快门速度，从而获得更好的效果。

缺点及不适用题材：在手持相机拍摄弱光环境时，使用低感光度会使快门速度降低，从而出现相机抖动的问题，使画面影像模糊。

在拍摄日落景象时，为了得到精细的画质而设置为较低的感光度，在画面中可看出天空丰富的色彩和细腻的层次，将夕阳余晖的大气表现得很好

14mm ¦ f/22 ¦ 13s ¦ ISO 100

高ISO（ISO 500以上）

优点及适用题材：高感光度可以支持在弱光下手持相机拍摄，也可以使用足够高的快门速度来定格快速移动的主体，如飞鸟、运动员等。此外，使用高速ISO来故意增加噪点，是增添影像情调或胶片感、厚重感的常见技巧，例如常见的LOMO效果。

缺点及不适用题材：ISO感光度越高，影像质量越差，主要问题是噪点增加，色彩不够自然，整体影像的清晰度不高，在拍摄高调效果、雪景或云雾等需要追求高质量画面时较不适用。

3.6 感光度的设置原则

由于感光度对画质影响很大，因此在设置感光度时要把握住一定的原则，从而在最大程度上，既保证画面有充足的曝光量，又不至于影响画面质量。

根据光照条件来区分

① 如果拍摄时光线充足，例如晴天或薄云的天气，应该将感光度数值控制为较低的数值，感光度一般都设置在ISO 100～200。

② 如果拍摄时是在阴天或者下雨的室外，推荐使用ISO 200～1600。

③ 如果拍摄时是在傍晚或者夜晚的灯光下，推荐使用ISO 1600～6400。

根据所拍摄的对象来区分

① 如果拍摄的是人像，为了使人物有细腻的皮肤质感，推荐使用较低的感光度，如ISO 100、ISO 200等。

② 如果拍摄对象需要长时间曝光，如流水或者夜景，也应该使用相对低的感光度，如ISO 200、ISO 400等。

③ 如果拍摄的是高速运动的主体，为了在安全快门内可以拍摄到清晰的图像，应该尝试感光度数值设置到ISO 400或ISO 800左右的数值上，以获得更高的快门速度。

总体原则

如果拍摄的目的是记录性质的，感光度设置的总原则是先拍到再拍好，即优先考虑使用高感光度，以避免由于感光度低，导致快门速度也比较低，从而拍摄出模糊的照片。因为画质损失可通过后期处理来弥补，而画面模糊则意味着拍摄失败，是无法补救的。

如果拍摄的目的是商用性质，此时画质是第一位的，感光度设置的原则应该是先拍好再拍到，如果光线不足以支持拍摄时使用较低感光度，宁可放弃拍摄。

需要特别指出的是，在光线充足与不足的环境中分别拍摄时，即使是设置相同的感光度，在光线不足的环境下拍摄的照片也会产生更多的噪点，如果此时再使用较长的曝光时间，那么就更容易产生噪点。因此，在弱光环境下拍摄，更需要设置低感光度，并配合高感光度降噪和长时间曝光降噪功能来获得较高的画面质量。

左图是在傍晚弱光环境下拍摄的，由于光线较弱，虽然使用了ISO 200的低感光度，截取局部画面与右上方光线充足时拍摄的雪山相比，仍然产生了大量的杂点

24mm ┆ f/16 ┆ 1/15s ┆ ISO 200

3.7 轻松选择测光方式

一般数码单反相机的测光系统采用的均为反射式测光方式，即测定被摄体反射回来的光亮度。准确的测光是获得一张成功照片的关键，使景物得到再现与还原。

按照其测光元件安装的位置不同，可分为内测光和外测光两种；按照测光元件对取景器内景象所测区域范围的不同，则可分为矩阵测光（尼康）/评价测光（佳能）、中央重点测光（尼康）/中央重点平均测光（佳能）、点测光和局部测光（佳能）。摄影师可根据不同的拍摄条件选择不同的测光模式。一般卡片机要通过菜单来设置，而数码单反相机则可以通过快捷按钮进行选择。

但是在拍摄时，不能过分依赖相机的自动测光系统，在特殊情况下，相机自动测光会出现不正确的曝光结果，影响画面质量，因此需要摄影者了解测光系统的原理与性能。

矩阵测光（尼康）/评价测光（佳能）

尼康相机采用“矩阵测光”，佳能相机采用“评价测光”。评价测光是最常用的测光模式，在全自动曝光模式和所有的场景模式下，相机都默认为评价测光模式。

在该模式下，相机会将画面分为若干个区进行平均测光，此模式最适合拍摄明暗反差小的日常和风光题材的照片。

操作方法 尼康数码单反相机测光设置

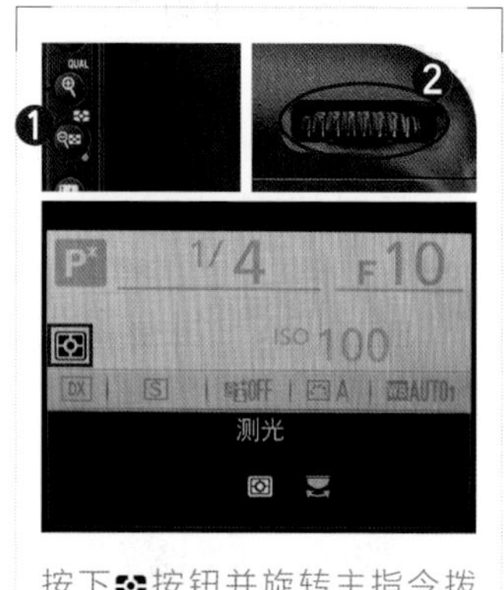

按下按钮并旋转主指令拨盘，即可选择所需的测光模式

操作方法 佳能数码单反相机测光设置

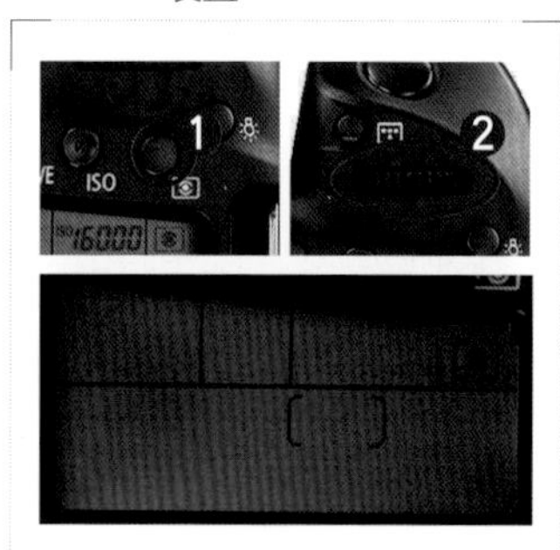

按下按钮，然后转动主拨盘或速控转盘，即可在4种测光方式之间进行切换

评价测光模式示意图

顺光下拍摄较大的场景时，使用评价测光可使花丛与天空都能均匀曝光，得到层次细腻的画面

17mm ¦ f/11 ¦ 1/500s ¦ ISO 100

中央重点测光（尼康）/中央重点平均测光（佳能）

尼康相机采用“中央重点测光”，佳能相机采用“中央重点平均测光”。中央重点平均测光适合于在明暗反差较大的环境下进行测光，或者拍摄时要重点考虑画面中间位置被拍摄对象的曝光情况时使用，此时相机是以画面的中央区域作为最重要的测光参考，同时兼顾其他区域的测光数据。该方式既能实现画面中央区域的精准曝光，又能保留部分背景的细节，因此这种测光模式适合于拍摄主体位于画面中央主要位置的场景，在人像摄影、微距摄影等题材中经常使用。

拍摄荷花时，由于荷花在画面中的位置比较居中，因此可使用中央重点平均测光模式对其进行测光，得到曝光合适、纹理清晰的荷花画面

200mm ┆ f/3.2 ┆ 1/400s ┆ ISO 100

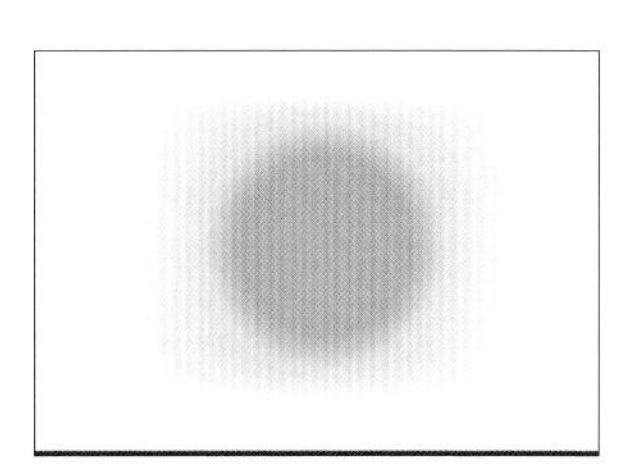

中央重点平均测光模式示意图

局部测光（佳能）

局部测光的测光区域约占画面比例的7.7%。当主体占据画面位置较小，又希望获得正确的曝光时，可以尝试使用该测光模式。

局部测光模式示意图

白衣少女与暗调的背景明暗差距较大，因此应使用局部测光对其面部进行测光，得到曝光合适的人像画面

100mm ┆ f/3.2 ┆ 1/200s ┆ ISO 100

点测光（尼康）/（佳能）

点测光是一种高级的测光模式，相机只对画面中央区域的很小部分（也就是光学取景器中央对焦点周围约3%区域，尼康D7200约为2.5%）进行测光，因此具有相当高的准确性。当主体和背景的亮度差异较大时，最适合使用点测光模式进行拍摄。

由于点测光的面积非常小，在实际使用时，可以直接将对焦点设置为中央对焦点，这样就可以实现对焦与测光的同步工作了，即先将对焦点设置为单点对焦，并设置为中央对焦点，接着对要测光的位置半按快门进行对焦和测光，然后按住自动曝光锁按钮✱可以锁定曝光，再重新进行对焦和构图即可。

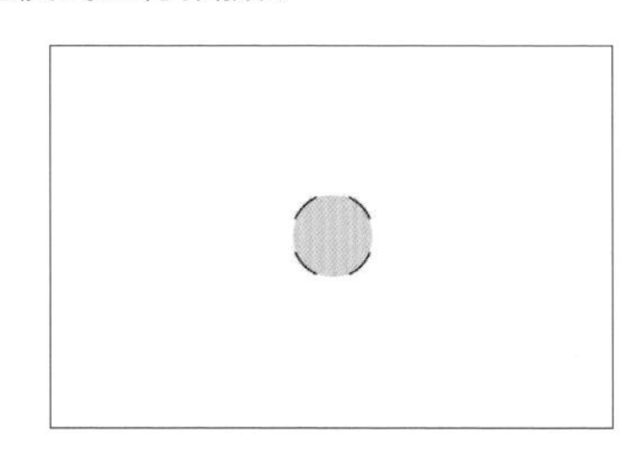

点测光模式示意图

由于模特与背景的明暗差距较大，因此使用点测光对其面部进行测光，得到背景较暗而模特肤色曝光正常的画面

45mm ¦ f/9 ¦ 1/250s ¦ ISO 100

3.8 巧用曝光补偿

曝光补偿的作用

由于数码单反相机是利用一套程序来对当前拍摄的场景进行测光，在拍摄一些极端环境，如较亮的白雪场景或较暗的弱光环境时，往往会出现偏差。为了避免出现这种情况，可以通过增加或减少曝光补偿（以EV表示），使所拍摄的景物得到较好的还原。

数码单反相机提供了曝光补偿的功能，利用该功能可以在当前相机测定的曝光数值基础上，进行增加亮度或减少亮度的补偿性操作，使拍摄出来的照片更符合真实的光照环境。例如，拍雪景时就要增加一两挡的曝光补偿，这样拍出来的雪才会更加洁白。

在光圈优先曝光模式下拍摄时，如果改变曝光补偿，相机将会改变快门速度；反之在快门优先曝光模式下拍摄时，如果改变曝光补偿，相机则将通过改变光圈大小来实现。

曝光补偿的操作方法

曝光补偿通常用类似“+1EV”的方式来表示。“EV”是指曝光值，“+1EV”是指在自动曝光基础上增加1挡曝光；“-1EV”是指在自动曝光基础上减少1挡曝光，以此类推。佳能中高端相机与尼康相机的曝光补偿范围在-5.0～+5.0EV，并以1/3级为单位调节。

操作方法 尼康数码单反相机曝光补偿设置

按下☑按钮，然后转动主指令拨盘，即可在控制面板上调整曝光补偿数值

操作方法 佳能数码单反相机曝光补偿设置

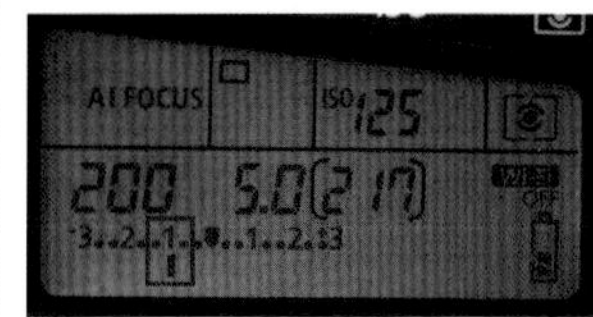

在P、Tv、Av模式下，半按快门查看取景器曝光量指示标尺，然后转动速控转盘◎即可调节曝光补偿数值

拍摄雾间树林时可通过增加曝光补偿来提亮画面

200mm | f/4.5 | 1/50s | ISO 100

曝光补偿的判断依据

曝光补偿有正向与负向之分，即增加与减少曝光补偿，最简单的方法就是依据“白加黑减”口诀来判断是进行正向还是负向曝光补偿。

“白加”中提到的“白”并不是指单纯的白色，而是泛指一切颜色看上去比较亮的、比较浅的景物，如雪、雾、白云、浅色的墙体或亮黄色的衣服等；同理，“黑减”中提到的“黑”也并不是单指黑色，而是泛指一切颜色看上去比较暗、比较深的景物，如夜景、深蓝色的衣服、阴暗的树林或黑胡桃色的木器等。在拍摄时，若遇到的是“白色”的场景，就应该进行正向曝光补偿；如果遇到的是“黑色”的场景，就应该进行负向曝光补偿。

画面中蓝天与雪地的亮度都很高，因此拍摄时增加了曝光补偿，得到了明亮、纯净的雪景画面

35mm ┆ f/8 ┆ 1/400s ┆ ISO 200

如前所述，根据“白加黑减”的口诀来判断曝光补偿的方向并非难事，真正使大多数初学者比较迷惑的地方在于，面对不同的拍摄场景应该如何选择曝光补偿量。实际上，选择曝光补偿量的标准也很简单，就是要根据拍摄场景在画面中的明暗比例来判断。如果明暗比例为1:1，则无须进行曝光补偿，用评价测光就能够获得准确的曝光。如果明暗比例为1:2，应该做-0.3挡曝光补偿；如果明暗比例是2:1，则应该进行+0.3挡曝光补偿。如果明暗比例为1:3，应该做-0.7挡曝光补偿；如果明暗比例是3:1，则应该做+0.7挡曝光补偿。如果明暗比例为1:4，应该进行-1挡曝光补偿；如果明暗比例是4:1，则应该进行+1挡曝光补偿。

由于画面中的景物受光均匀，明暗比例为1:1，因此无须进行曝光补偿

100mm ┆ f/6.3 ┆ 1/320s ┆ ISO 100

除了场景的明暗比例对曝光补偿量有所影响外，摄影师的表达意图也对其有明显影响，其中比较典型的是人像摄影。在拍摄漂亮的女模特时，如果希望使其皮肤在画面中显得更白皙一些，则可以在测光的基础上再增加0.3～0.5挡的曝光补偿。

在拍摄老人时，如果希望其肤色在画面中看起来更沧桑，则可以在测光的基础上减少0.3～0.5挡的曝光补偿。

总之，明暗比例相差越大，则曝光补偿数值也应该越大，例如，由于Canon EOS 5D Mark Ⅱ的曝光补偿范围为-2.0～+2.0挡，因此最高的曝光补偿量不可能超过这个数值。

逆光拍摄时，为了突出椰林的剪影效果，在拍摄时通过减少曝光补偿来压暗画面

28mm ┆ f/16 ┆ 1/1000s ┆ ISO 100

曝光补偿的经验

在调整曝光补偿时，应当遵循“白加黑减”的原则。即拍摄浅色的对象时，比如白雪，相机的测光结果常常使照片显得偏灰，此时就可以增加曝光补偿，从而拍摄到洁白的白雪；在拍摄深色对象时，尤其是纯黑的对象时，相机很容易将其拍摄成深灰色，因此需要减少曝光补偿，从而拍摄到纯黑的颜色。

在雾气氤氲的雪地里拍出来的画面经常是发灰的，这是由于大面积的白色会导致相机测光系统错误，因此，拍摄这种浅色较多的画面时，增加曝光补偿可使雾天的雪景更加洁白

30mm ┆ f/8 ┆ 1/200s ┆ ISO 100

虽然，曝光过度或不足的数码照片可以用软件进行后期弥补，但后期处理的效果总是不如在最初拍摄时得到的曝光准确，而且如果拍摄时曝光误差太大，如 ±2挡的误差，在后期是很难调整出令人满意的效果的，因此不可以坚信“后期万能”的说法。

由于夕阳时分的光线较弱，大面积的暗调景物会导致相机测光错误，拍摄出来的画面深调不够深，因此减少了曝光补偿，使剪影的效果更加明显

180mm ┆ f/5.6 ┆ 1/200s ┆ ISO 100

曝光正补偿的作用

由于高调场景中以浅调和亮调为主，在拍摄时，应利用稍微曝光过度的方式来避免由于相机测光不准而导致浅色部分不够亮的现象，并得到高调效果的画面。

需要注意的是，应在高调场景中寻找少量黑色或其他鲜艳的颜色，利用面积很小的深色调，在大面积淡色调的衬托与对比下，得到画面的视觉重点，同时避免高调画面由于缺少深色而产生苍白无力感的问题。

身穿白色婚纱的女孩周围的环境颜色较浅，为了避免根据相机自动测光后拍出来的画面发灰，因此在拍摄时增加了曝光补偿，从而得到画面曝光合适、层次细腻的高调画面

180mm | f/3.5 | 1/100s | ISO 100

拍摄冰天雪地的景象时，相机的测光系统会因为大面积的白色而做出错误的判断，因此，拍摄时增加了1挡的曝光补偿，得到了洁白的雪景画面

30mm | f/13 | 1/200s | ISO 100

曝光负补偿的作用

低调场景以暗调为主，因此，在拍摄时应利用稍微曝光不足的方式来避免由于相机测光不准而导致黑色部分不够暗的现象，并得到低调效果的画面。与高调场景一样，在低调场景中也应该存在少量的亮色或艳色来调动画面气氛，同时避免低调画面由于没有亮色而显得过于沉闷的问题。

拍摄红色的枫树时，可通过减少曝光补偿后使枫叶的颜色看起来更加火红，将秋季表现得更有韵味

30mm | f/10 | 1/50s | ISO 200

为了增加天空中云彩的层次，可在拍摄时减少曝光补偿，昏暗的画面还突出了日暮静谧的气氛

17mm | f/18 | 1/125s | ISO 100

3.9 掌握五大曝光模式

程序自动曝光模式（P）

在程序自动曝光模式下，相机基于一套算法来确定光圈与快门速度组合的数值。通常，相机会自动选择一种适合手持相机拍摄并且不受相机抖动影响的快门速度，同时还会调整光圈，以得到比较合适的景深，确保所有景物都清晰对焦。并且，在此模式下，摄影师仍然可以设置ISO感光度、白平衡及曝光补偿等参数。

此模式最大的优点是操作简单、快捷，适合于拍摄快照或不用十分注重曝光控制的场景，例如新闻、纪实、偷拍和自拍等。相机自动选择的曝光组合未必是最佳组合，例如，摄影师可能认为按此快门速度手持拍摄不够稳定，或者希望选用更大的光圈。此时，可以利用程序偏移功能来进行调整。

在程序自动模式下，半按快门按钮，然后转动主拨盘直到显示所需的快门速度或光圈值。虽然光圈与快门速度的数值发生了变化，但这些数值组合在一起，仍然能够保持同样的曝光量。因此如果不考虑其他因素，使用这些不同曝光组合拍摄出来的照片具有相同的曝光效果。

在操作时，如果向右旋转主拨盘可以获得模糊背景细节的大光圈（低光圈值）或"锁定"动作的高速快门曝光组合；如果向左旋转主拨盘可获得增加景深的小光圈（高光圈值）或模糊动作的低速快门曝光组合。

在古城拍摄时，偶遇典型的人物形象，使用P模式将其快速地抓拍下来，否则错失良机就太可惜了

200mm | f/4.5 | 1/500s | ISO 100

快门优先曝光模式（尼康S/佳能Tv）

快门优先模式是为优先实现快门效果而设计的曝光模式，又称为Tv/S挡曝光模式。在此模式下，用户可以转动主拨盘从1/8000s～30s选择所需的快门速度，然后相机会自动计算光圈的大小，以获得正确的曝光组合。

在需要优先考虑快门速度的情况下，应该使用此曝光模式，从而先设置快门速度，让相机根据此给定的快门速度自动估算要获得正确曝光所需要的光圈数值。

在拍摄需要优先考虑快门速度的题材，如体育赛事、飞翔的鸟、跑动的儿童或滴落的水滴时，应该使用此曝光模式。

设置较长的曝光时间后拍摄到絮状效果的海水，在天空静止的彩霞对比下，画面看起来很有动感

30mm | f/18 | 9s | ISO 100

设置较高的快门速度，将展翅欲飞的雄鹰清晰地定格在画面中

270mm | f/11 | 1/2000s | ISO 100

光圈优先曝光模式（尼康A/佳能Av）

光圈优先模式是为优先实现光圈效果而设计的曝光模式，又称为Av/A挡曝光模式。在此模式下由摄影师选择光圈，而相机会自动选择能产生最佳曝光效果的快门速度。

使用光圈优先模式可以控制画面的景深，在同样的拍摄距离下，光圈越大，景深越小，即拍摄对象（对焦的位置）前景和背景的虚化效果就越好；反之，光圈越小，则景深越大，即拍摄对象前景和背景的清晰度越高。此模式非常适合拍摄人像、静物和风景等对景深要求较高的被摄对象。

使用小光圈拍摄大场景可得到较大的景深，这样的画面看起来非常有气势

20mm ┆ f/18 ┆ 1/400s ┆ ISO 100

拍摄人像时，设置大光圈可将周围杂乱的环境虚化，使人物在画面中显得更加突出

200mm ┆ f/2.8 ┆ 1/250s ┆ ISO 100

手动曝光模式（M）

手动曝光模式在模式转盘上显示为M。使用该模式拍摄时，相机的所有智能分析和计算功能将不工作，所有拍摄参数需要由摄影师手动进行设置。使用M 挡手动模式拍摄有以下几个优点。

首先，使用M挡手动模式拍摄时，当摄影师设置好恰当的光圈和快门数值后，即使移动镜头进行再次构图，光圈与快门速度数值也不会发生变化。这一点不像其他曝光模式，在测光后需要进行曝光锁定，才可以进行再次构图。

其次，使用其他曝光模式拍摄时，往往需要根据场景的亮度，在测光后进行曝光补偿操作，而使用M 挡手动模式时，由于光圈与快门速度都是由摄影师来设定的，因此在设定的同时就可以将曝光补偿考虑在内，从而省略了曝光补偿的设置操作过程。因此，在这种曝光模式下，摄影师可以按照自己的想法让画面曝光不足，以使照片显得较暗，给人以忧伤的感觉，或者让画面稍微过曝，拍摄出明快的高调的照片。

另外，在摄影棚中拍摄并使用了频闪灯或外置的非专用闪光灯时，由于无法使用相机的测光系统，而需要使用闪光灯测光表或通过手动计算来确定正确的曝光值，此时就需要手动设置光圈和快门速度，从而实现正确的曝光。

个 室内拍摄人像时，由于光线比较稳定，可根据自己的拍摄需求随意设定光圈和快门，因此使用M挡模式比较方便

50mm ┆ f/6.3 ┆ 1/250s ┆ ISO 100

B门曝光模式

B门是一种特殊的曝光模式，当使用B门模式曝光时，曝光时间由摄影者决定。即设为B门后，持续地完全按下快门按钮时，快门保持打开，松开快门按钮时，快门关闭，完成整个曝光过程，因此曝光的时间取决于快门按钮被按下与被释放的中间过程。此曝光模式经常用于拍摄夜景、光绘、天体和焰火等需要长时间并手动控制曝光时间的题材。为避免画面模糊，使用B门模式拍摄时，应该使用三脚架和遥控快门线。

使用B门模式经过长时间曝光得到的星轨画面

30mm ┊ f/4 ┊ 2153s ┊ ISO 800

使用佳能低端入门相机设置B门模式时，需要在快门速度降到30s后，继续向左旋转指令拨盘即可切换至B门，此时屏幕中显示为bulb。使用佳能的中高端相机设置B门模式时，直接旋转拨盘，即可选择B门曝光模式。设置为B门后，持续地完全按下快门按钮时快门保持打开，松开快门按钮时快门关闭。

而尼康相机设置B模式的方法都一样，只需在M挡模式下将快门速度降至最低即可。

3.10 巧用柱状图判断曝光

柱状图就是通常所说的直方图（佳能相机称为“柱状图”，尼康相机称为“直方图”），是相机曝光所捕获的影像色彩或影调的图示，是一种反映影像曝光情况的指示图标。

柱状图的作用

通过查看柱状图所呈现的效果，可以帮助拍摄者判断曝光情况，并据此做出相应的调整，以得到最佳曝光效果。另外，在实时取景状态下拍摄时，通过柱状图可以检测画面的成像效果，给摄影者提供重要的曝光信息。

很多摄影爱好者都会陷入这样一个误区，液晶显示屏上的影像很棒，便以为真正的曝光效果也会不错，但事实并非如此。这是由于很多相机的显示屏还处于出厂时的默认状态，显示屏的对比度和亮度都比较高，使摄影者误以为拍摄到的影像很漂亮，倘若不看柱状图，往往会感觉照片曝光正合适，但在计算机屏幕上观看时，却发现拍摄时感觉还不错的照片，暗部层次却丢失了，即使是使用后期处理软件挽回了部分细节，效果也不是太好。

因此，在拍摄时摄影师要养成随时观看柱状图的习惯，这是唯一值得信赖的判断曝光是否正确的依据。

拍摄光线复杂的场景时，可根据柱状图来判断是否拍到了想要的画面效果

30mm ┆ f/5.6 ┆ 1/200s ┆ ISO 100

如何观看柱状图

柱状图的横轴表示亮度等级（从左至右分别对应黑与白），纵轴表示图像中各种亮度像素数量的多少，峰值越高则表示这个亮度的像素数量越多。所以，摄影者可通过观看柱状图的显示状态来判断照片的曝光情况，若出现曝光不足或曝光过度，调整曝光参数后再进行拍摄，即可获得一张曝光准确的照片。当曝光过度时，照片上会出现死白的区域，画面中的很多细节都会丢失，反映在柱状图上就是像素主要集中于横轴的右端（最亮处），并出现像素溢出现象，即高光溢出，而左侧较暗的区域则无像素分布，故该照片在后期无法补救。当曝光准确时，照片影调较为均匀，并且高光、暗部或阴影处均无细节丢失，反映在柱状图上就是在整个横轴上从最黑的左端到最白的右端都有像素分布。当曝光不足时，照片上会出现无细节的死黑区域，画面中丢失了过多的暗部细节，反映在柱状图上就是像素主要集中于横轴的左端（最暗处），并出现像素溢出现象，即暗部溢出，而右侧较亮区域则少有像素分布，故该照片在后期也无法补救。

↑ 柱状图中的线条偏左且溢出，表示画面曝光不足

35mm ┆ f/7.1 ┆ 1/80s ┆ ISO 200

↑ 曝光正常的柱状图，画面明暗适中，色调分布均匀

85mm ┆ f/3.5 ┆ 1/125s ┆ ISO 100

↑ 柱状图右侧溢出，表示画面中的高光处曝光过度

35mm ┆ f/6.3 ┆ 1/50s ┆ ISO 500

柱状图的种类

照片理想的柱状图其实是相对的，照片类型不同，其柱状图的形状也不同。以均匀照度下、中等反差的景物为例，正确曝光照片的柱状图两端没有像素溢出，线条均衡分布。下面结合实际图例进行分析。

曝光正确的中间调照片柱状图

曝光正确的中间调照片由于没有大面积的高亮与低暗区域，因此其柱状图的线条分布均匀，从柱状图的最左侧至最右侧通常都有线条分布，而线条出现最集中的地方是柱状图的中间位置。例如这幅图中主要表现了花卉与蜜蜂，由于光线均匀没有高亮与暗部的表现，所以柱状图分布也较均匀。

高调照片柱状图

高调照片有大面积的浅色和亮色，反映在柱状图上就是像素基本上都出现在右侧，左侧即使有像素，数量也比较少。例如在这幅图中雪地的浅色居多，所以在柱状图中表现为像素大多偏右。

高反差低调照片柱状图

由于高反差低调照片中的高亮区域虽然比低暗的阴影区域少，但仍然在画面中占有一定的比例，因此在柱状图上可以看到像素会在最左侧与最右侧出现，而大量的像素则集中在柱状图偏左侧的位置。例如在这幅图中剪影与明亮的天空反差很大，所以在柱状图中表现为像素大多偏向两边。

低反差暗调照片柱状图

由于低反差暗调照片中有大面积的暗调，而高光面积较小，因此在其柱状图上可以看到像素基本集中在左侧，而右侧的像素则较少。例如在这幅图中雾气氤氲的树林与地面偏多，所以在柱状图中表现为像素大多偏左。

3.11 正常曝光时柱状图偏右更好

许多摄影师在曝光时都秉承着“宁欠勿曝”的宗旨进行曝光设置，但如果了解了下面所讲述的关于相机CCD或CMOS计算光量和保存影调的方式后，就会改变这一曝光策略。

CCD和CMOS传感器以线性的方式计算光量，大多数数码单反照相机记录12比特的影像，在6挡下能够记录4096种影调值。但这些影调值在这6挡曝光设置中并不是均匀分布的，而是以每一挡记录前一挡一半的光线为原则记录光线的。所以，一半影调值（2048）分给了最亮的一挡，余下影调值的一半（1024）分给了下一挡，以此类推。结果，6挡中的最后一挡，也就是最暗一挡能够记录下的影调值只有64种。所以，如果有意按曝光不足来保留高光中的细节，则反而有可能失去本来可以捕捉到的很大一部分数据。

根据上述理论，最好的曝光策略应该是“右侧曝光”，即使曝光设置尽量接近曝光过度，而实际上又不消弱高光区域的程度。

需要特别强调的是，这种曝光策略更适合于使用RAW格式拍摄的照片。这样的照片看上去也许有些亮，但这很容易在后期处理时通过调整其亮度和对比度加以修正。

↑ 仰视拍摄浅色花卉时，使画面稍微偏亮一些，不仅将夏日清爽的感觉表现得很好，还有利于后期的调整

30mm ┊ f/16 ┊ 1/500s ┊ ISO 100

3.12 曝光锁定

合适的曝光可以获得清晰明确的影像，这对于摄影来说是至关重要的。曝光锁定的作用在于，当所拍摄主体的对焦区域和测光区域不在一起时，使用曝光锁定功能可以记录主体的曝光组合，重新构图后按照所记录的曝光组合进行拍摄即可。

在尼康相机上使用曝光锁定或对焦锁定功能，可以在半按快门进行对焦后将曝光值或对焦位置锁定，以利于重新构图进行拍摄。要锁定曝光或对焦，按下相机上的AE-L/AF-L按钮即可。

当然，也可以在“自定义设定”菜单的“f控制”中选择“f4 指定AE-L/AF-L 按钮”选项，在其中可以设置锁定对焦、锁定测光或二者都锁定。

使用佳能相机进行曝光锁定时，首先，对所要拍摄的对象进行测光，相机会以所测的对象为依据，自动计算曝光量，并给出一个曝光组合的数据；然后按下相机上的曝光锁定按钮✱，此时相机所测得的曝光量将被锁定；最后移动相机重新构图并进行拍摄即可。

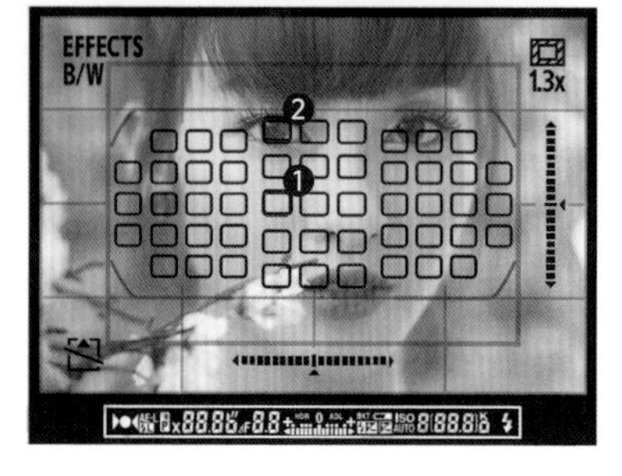

▲ 在拍摄此照片时，先是对位置❶人物的面部半按快门进行测光，然后释放快门并按下✱或AE-L/AF-L按钮锁定曝光，然后重新对位置❷人物的眼睛进行对焦并拍摄，从而得到了曝光正确的画面

200mm ┊ f/2.8 ┊ 1/400s ┊ ISO 100

3.13 利用包围曝光拍出好片

如果拍摄现场的光线很难把握，或者拍摄的时间很短暂，为了避免曝光不准确而失去这次珍贵的拍摄机会，可以选择包围曝光来确保万无一失。此时可以通过设置包围曝光拍摄模式，针对同一场景连续拍摄出3张曝光量略有差异的照片，每一张照片的曝光量具体相差多少，可由摄影师自己设定。在具体拍摄过程中，摄影师无需调整曝光量，相机将根据设置自动在第一张照片的基础上增加或减少一定的曝光量，以拍摄出另外两张照片。

按照此方法拍摄出来的3张照片中，总会有一张是曝光相对准确的照片，因此使用包围曝光能够提高拍摄的成功率。

↑ 在拍摄雪景画面时，为了避免画面偏灰，因此在拍摄时设置了+0.3EV的曝光补偿，并在此基础上设置了±0.7EV的包围曝光，因此拍摄得到的三张照片分别为-0.4EV、+0.3EV、+1.0EV，其中+0.3EV的效果明显更好一些，白雪看起来更加洁白、明亮

第4章

了解摄影构图中的主要构成

4.1　主体

主体的概念与作用

“主体”指拍摄中所关注的主要对象，是画面构图的主要组成部分，也是集中观者视线的视觉中心和画面内容的主要体现者，还是使人们领悟画面内容的切入点。

通常情况下，主体是单一的一个对象或一组对象。主体既可以是人，也可以是物，甚至还可以是一个抽象的对象。

总而言之，主体是任何能够引起摄影师拍摄兴趣的事物，而在构成上，点、线与面也都可以成为画面的主体。

主体是构图的行为中心，画面构图中的各种元素都围绕着主体展开，因此主体有两个主要作用，一是表达内容，二是构建画面。

这幅作品中，主体在画面中一目了然，简洁的背景使主体更加突出

135mm | f/4.5 | 1/200s | ISO 100

利用小景深表现蝴蝶，可很好地突出其美丽的花纹

100mm | f/5.6 | 1/320s | ISO 200

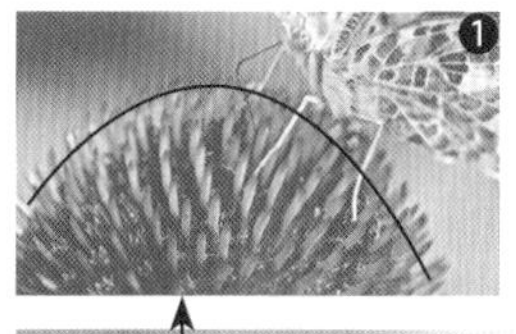

❶ 陪体使用C形构图，使画面更具动感
❷ 用微距镜头虚化背景，使画面更简洁
❸ 用中心构图表现蝴蝶，突出主体

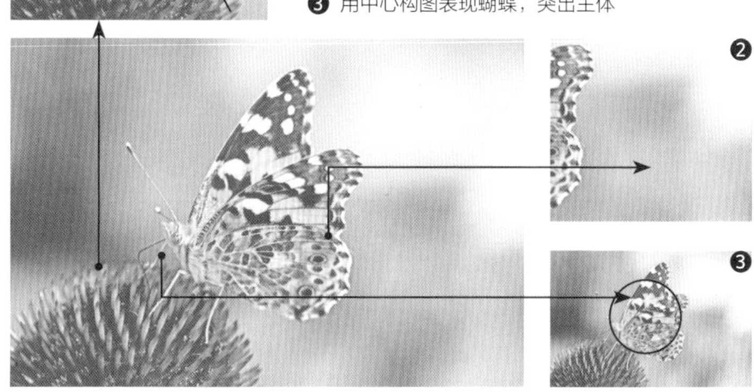

主体的处理方法

主体是画面的视觉中心，是整幅画面引人关注的焦点所在。如果主体处理不当，那么画面就会显得杂乱且平淡。而主体形象的突出与强调，可以使观者瞬间领会到拍摄者所要表达的意图。

利用主体画龙点睛

绘画中讲究“画龙还需点睛笔”，同属于画面视觉艺术的摄影也有此讲究，即在画面的关键位置安排主体可以使作品更加传神、突出。例如，湛蓝天空中的一行归雁，山村农舍中升起的袅袅炊烟，以及金色油菜花田中的红衣农妇等，这些突出、亮丽的景物如果被安排在画面最醒目的位置，就会成为画面的点睛之笔，而缺少它们会失去趣味中心，自然就显得平淡无奇。

通过较快的快门速度和针对鸟儿测光的方式，得到暗色的背景，使其与白色的鸟儿形成明暗对比，使鸟儿更加突出

200mm ┆ f/3.5 ┆ 1/4000s ┆ ISO 100

夕阳将水面渲染成了金黄色，几只惬意的水鸟打破了这宁静的气氛，为画面增添了生机

200mm ┆ f/5.6 ┆ 1/200s ┆ ISO 200

4.2 陪体

陪体的概念

顾名思义，陪体是指画面中作为陪衬的物体，是与主体息息相关的事物，同时也是除主体外最直接的次要拍摄对象。陪体在画面中并非必需，但恰当地运用陪体可以让画面更为丰富，渲染不同的气氛，对主体起到解释、限定、说明、烘托及渲染的作用。陪体还可以配合主体说明画面内容，也就是对主体起到解释说明的作用，适当地运用陪体，将有利于观者正确地理解画面的主题。

在形式上，可以采用与主体形成对比或起到反衬作用的陪体。这样一来，在使主体得到突出展现的同时，还能够美化、均衡画面，并渲染整体气氛。

利用火龙果的叶子和果实作为陪体，衬托一对恋人的甜蜜和对美好生活的憧憬

50mm | f/3.2 | 1/320s | ISO 200

陪体的作用

陪体以不削弱主体为原则，绝不能喧宾夺主，破坏主体的表现力。下面补充几点陪体在画面中的作用。

增强透视效果

配合广角镜头并将陪体作为前景，能有效地增强画面的透视效果，使景深富有立体感、空间感。

平衡画面

合理搭配陪体，可以使画面在视觉上得到平衡，尤其是在拍摄风光作品时，一个小小的陪体会起到非常重要的作用。

表现树挂时，将旁边的路人也纳入画面中，不仅衬托出树挂的高大，其鲜艳的衣服也为画面增添了色彩

17mm | f/9 | 1/200s | ISO 200

陪体的处理方法

直接处理法

直接处理法是指将陪体直接放在画面内部，并且和主体形成一定的对比关系，但不能压过主体。这种处理方法要求通过虚实或者明暗的处理来分清主次，不能喧宾夺主。

间接处理法

间接处理法是指将陪体安排在画面之外，观者可以通过画面中某个线索的引导和想象将其在脑海中显现出来。这种方法比较含蓄，但却蕴含更深的意味，不仅可以调动观者的思维，同时也使摄影作品在内容和形式上产生更广阔的空间延伸，做到“画中有话，画外亦有话”。

通过将前景中绿色的叶子进行虚化的方式衬托蚱蜢，使其在画面中更突出

100mm ┆ f/11 ┆ 1/100s ┆ ISO 100

对猫咪发出声音或拿玩具引逗，使它们共同转向镜头，猫咪好奇的眼神可使观者对画外的陪体产生兴趣，引人遐想

70mm ┆ f/9 ┆ 1/200s ┆ ISO 200

4.3 环境

环境是指主体周围的人物、景物和空间，是画面的重要组成部分。它有助于表现画面的情调和气氛，以及人物的性格与气质。环境是分布在不同的空间位置上的，一般情况下，环境分为前景、中景和背景，主要用于烘托主题，进一步强化主题思想，并丰富画面的层次。

在远处拍摄游禽时，可将其周围的环境也纳入画面中，不仅可以交代其身处的环境，也起到了美化画面的作用

250mm | f/5.6 | 1/2000s | ISO 800

❶ 使用点测光模式针对游禽的头部测光
❷ 因曝光不足而偏暗的背景，再经过大光圈虚化，使其更好地衬托游禽
❸ 将前景虚化，既可以交代游禽所处的环境，又不干扰其主体地位

4.4　前景

前景就是指位于被摄主体前面或靠近镜头的景物。在拍摄时，前景位置并没有特别的规定，主要是根据被摄物体的特征和构图需要来决定。

利用前景丰富画面元素

前景可以用于丰富画面的构成元素，例如，在拍摄日出日落时，可以利用野草、树木或亭台楼阁等对象作为前景来丰富画面。

利用前景调整影调

前景可用于调整画面反差，例如在拍摄阴雨、逆光、雾景或远景等场景时，由于光线的原因，很容易形成近浓远淡的空气透视效果。如果只有中远景，则画面的颜色清淡、反差偏小，感觉像是曝光过度。此时如能选择色彩较浓、较深的景色作为前景，则画面反差将大为改观。

使用茅草作为前景拍摄太阳，逆光拍摄使茅草周围染上一层金边，既渲染了气氛，又丰富了画面

105mm ¦ f/9 ¦ 1/320s ¦ ISO 200

使用侧三角形构图的方式表现前景中挂满冰雪的树枝，一方面增强了画面的延伸感，另一方面也增加了画面的反差效果

55mm ¦ f/16 ¦ 1/200s ¦ ISO 100

利用简单的框架来表现美女，不仅起到汇聚视线的作用，还衬托出模特恬静、优雅的气质

135mm | f/5.6 | 1/160s | ISO 100

由于树林环境比较杂乱，利用树枝可遮挡杂乱的环境，使猫头鹰在画面中更突出

200mm | f/4.5 | 1/250s | ISO 100

利用前景形成框式构图

可以说所有框架式构图都是巧妙地利用了前景的结果，尤其是在风光摄影中，有漂亮线条的门、窗或树等前景都是值得充分利用的前景。

利用前景遮挡画面缺陷

有时在比较复杂的环境下拍摄，为了使画面更美观，可以借助前景中合适的对象，如树枝、街灯等带有装饰性质的物体，遮挡场景中的杂物，以美化画面。

利用前景引导观者的视觉流程

拍摄时如果场景中有比较明显的线条，只要通过构图使线条指向画面的重心，就能够使前景的线条具有明显的视觉导向作用。例如，在风光摄影中，可以用道路、弯曲的河流或树木枝条等线条明显的对象来引导观者的视线。

拍摄大场景的画面时，将船帆的绳索也纳入画面中，将观者的视线导向画面下方的人群

20mm | f/16 | 1/400s | ISO 100

4.5 中景

中景是指介于背景和前景之间的位置，是为了放置主体和衬托主体的环境。中景的景观选择范围要比前景和后景更大。

如果通过构图手法，使中景的前面有遮挡的前景，后有虚幻的背景，会使画面层次显得较为丰富。

将荷叶作为前景，而远山作为背景来衬托娇艳的荷花，虽然是小景深的画面，但空间感很强

200mm ¦ f/4 ¦ 1/250s ¦ ISO 100

❶ 前景中绿色的荷叶与远景中虚化的远山、蓝天与红色的荷花形成虚实对比、颜色对比

❷ 将荷叶放在镜头前作为前景，因其离镜头太近而形成虚化

❸ 仰视拍摄，以蓝天为背景，画面更简洁，更能突出主体

4.6 背景

背景就是在主物体背后的景物。不同的背景选择和不同的表现手法都可以使拍摄的画面看起来更有意境。

背景的主要作用有说明主体所处的位置和渲染气氛两种，合理地利用背景既能烘托主体，又能交代拍摄地点等相关信息。

从某种意义上来说，背景比前景更为重要，它可以间接点明主题，起到画龙点睛的作用。在构图方面，背景也决定了整张照片的内容和含义，也就是作品的中心主题。

大光圈将杂乱的背景虚化，使前景中的景物得到更好的表现

195mm ¦ f/4 ¦ 1/1000s ¦ ISO 200

4.7 留白

留白本不是摄影中的术语，其来源于传统的国画绘画理论，即画中的空白应该以无形当有形来理解，虽然从画的表象上感觉到的是空白，是“虚”，但实际上其强调突出的是画面的“实”。借鉴国画构图中的留白理论，可以使摄影作品更具审美价值。

国画构图很讲究留白产生的虚实相生意境，例如，在画面的天空位置画一排飞雁，而天空会显得格外空旷，空处即使没有浮云，也能够感觉到云淡风轻的意境。因此，国画的空白并不是空无一物，空的地方可能是云、雾、天、地等，通过画面上绘制出来的景象来引导观者对画面中的空处进行联想，如同唐诗“云里帝城双凤阙，雨中春树万人家”所描述的完美意境。

在人物视线的方向留下大面积的天空和海面，使画面看起来视野开阔，使人心旷神怡

24mm | f/8 | 1/800s | ISO 100

利用留白的形式来表现山水，使其看起来好似一幅泼墨国画

20mm | f/8 | 10s | ISO 100

4.8　景深对主体与陪体的影响

大景深下的主体清晰、透彻

景深就是当镜头聚焦于拍摄对象时，被摄体与其前后的景物之间的清晰范围。

使用大景深拍摄来表现主体，有利于表现画面的全景，画面整体清晰、透彻。

小景深下的主体柔和、朦胧

使用小景深进行拍摄，画面中清晰的范围较小，更易突出主体，使画面显得柔和。使用小景深拍摄，有利于营造画面气氛。

使用大景深拍摄到的画面清晰范围大，画面中的陪体要处理得当，不能喧宾夺主

16mm ┆ f/2.8 ┆ 1/2s ┆ ISO 800

大光圈营造小景深，使主体突出，为画面增添朦胧的意境

85mm ┆ f/2.8 ┆ 1/200s ┆ ISO 200

第5章

摄影构图中的点、线、面

5.1 摄影构图中的点

点是一个渺小、抽象的存在，在二维空间中，它只有位置没有大小。摄影中点的概念不同于几何，它强调的是点的位置，而不是面积和形状。任何对象通过其所处的相对位置所产生的对比关系，都有可能呈现出点的性质。在摄影中，小如人们眼中的星星、蚂蚁，大如高楼、人物等，都可以成为画面中的点。

通过将前景和背景都虚化的方法将位于中景的瓢虫突显出来，瓢虫作为点出现，是画面的主体

100mm ┆ f/6.3 ┆ 1/250s ┆ ISO 200

摄影构图中点的塑造

除了利用画面中的各种对比来形成点以外，通过技术手段也可以主动去塑造构图中的点。

点的塑造方法有很多，最常用的是通过颜色、明暗及形状来塑造。当主体面积比较小，与背景之间存在颜色的差异或者明暗的不同，都可以将主体作为点来进行塑造。

将小船安排在画面的黄金分割点上，大面积的蓝色与小船的橘黄色形成鲜明的颜色对比

200mm ┆ f/20 ┆ 1/200s ┆ ISO 200

摄影构图中点的经营

在实际拍摄时，会有很多具有点的性质的对象出现在画面中，在位置安排上既要统一又要有所变化，数量的多少依内容而定，从而在深刻表达主题的同时，增强画面的视觉冲击力和形式美感。

当画面中只有一个点时，这个点要能够集中观者的视线，并且要能根据摄影者的意图来表现不同的视觉感受

300mm ┊ f/6.3 ┊ 1/1000s ┊ ISO 100

当画面中有多个点时，在拍摄时要安排好点的排列、疏密等关系，使其在画面中形成一定的韵律，切忌点的安排过于繁多且杂乱

20mm ┊ f/9 ┊ 1/800s ┊ ISO 100

当遇到画面中充满点的情况时，视觉会被极大地分散，所以这些点的内容、形态或主题应该有一定的联系，避免让人们产生主动去“阅读”每个点的欲望，这样只会让画面失去视觉中心，变得杂乱

100mm ┊ f/2.8 ┊ 1/250s ┊ ISO 200

放大较小的被摄物，画面依然有点的视觉感受

点构图的画面感觉很明快，就算放大点的面积，在背景简洁的情况下也仍然会有点的感觉。如下图，放大的花朵在画面中很显眼，几个花瓣形成放射性构图，使画面看起来很简洁明了，由于面积和色块的不同，花朵仍有点的感觉，整体画面很明快、艳丽。

花朵在画面中虽然占比大，但仍是点的形式

85mm ┆ f/7.1 ┆ 1/800s ┆ ISO 100

颜色丰富的散点

点是相对于“面”而言的，是指画面中呈现点状的被摄体，也许不一定是明显的点，但是在画面上可以被看作为“点”的被摄体。

点是静态的，在画面中停留在固定的位置，不显示任何运动趋势，点的作用是强调重心，吸引注意力。

大小不一的食材散布在画面中，虽然形状不同，却也是点的形式

50mm ┆ f/5.6 ┆ 1/160s ┆ ISO 100

单一背景上颜色鲜明的点使画面明了

和天空的蓝色相比，橘红色的野花非常显眼夺目，如点缀的宝珠一般，在以蓝天为背景的画面中，几朵颜色鲜艳的野花非常醒目，打破了单一平静的画面，使画面变得生动、活泼。

可以把花朵看作画面中的点，在蓝天的背景衬托下非常鲜明

35mm ┊ f/8 ┊ 1/500s ┊ ISO 100

由相同的点形成有规律的线条增强画面形式感

点是一切形态的基础。在平面中的点只有位置，没有大小；在现实世界中，点的划分必须由对象所处的具体位置之间的对比关系来决定。在画面中面积较小的自然就成为“点”，不过只是对比而言。如下图，画面由许多的圆形组成的“点”构成的，画面中虽然没有多余的元素，但具有规律性的点的组合很有视觉冲击力。

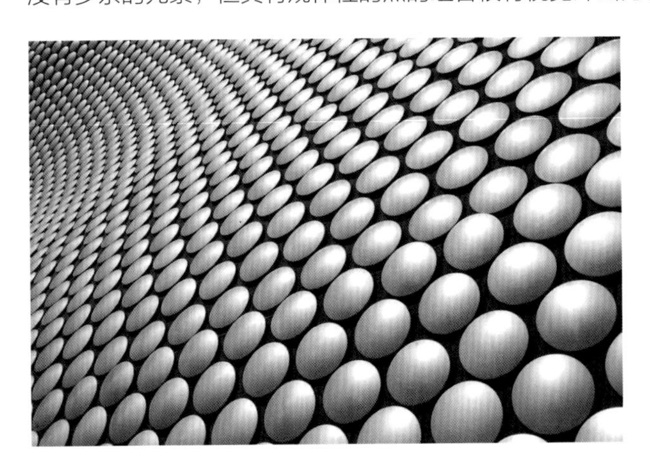

由点形成的面创意新奇、效果奇特，形成新鲜、有趣画面

70mm ┊ f/8 ┊ 1/800s ┊ ISO 100

5.2 摄影构图中的线

在摄影中线条无处不在，关键在于摄影师要具有发现、发掘及提炼美的线条的功底。

在摄影构图中，线条起着非同寻常的作用。然而，线条是无处不在且杂乱无章的，所以要根据不同线条的不同作用加以选择和利用。

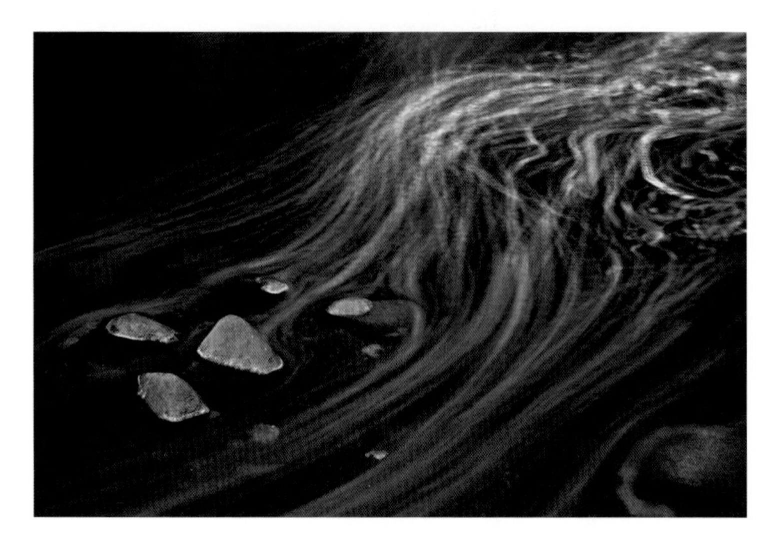

长时间曝光使溪流流动的效果被拉成线状，弯曲的线条与前景中的石头形成动静、虚实对比

50mm ┆ f/20 ┆ 30s ┆ ISO 100

线条的作用

视觉引导

画面中线条的走向影响着人们观看照片时的视觉流程，充分利用这一点，对于表达主题、引导观者视线有重要意义。例如，可以通过构图使水面的桥体的透视加强，从而起到引导观者视线的作用。

利用广角镜头拍摄走廊，近大远小的透视效果使画面形成视觉引导，将观者的视线引向走廊的尽头，加强了画面的空间感

17mm ┆ f/10 ┆ 1/125s ┆ ISO 200

形式美

线条能够创造形式美感，至于什么样的线条能够创造形式美，这需要在生活中发掘。例如，拍摄树木时，可以通过其细密的树枝，在画面中形成非常漂亮的线条；拍摄建筑时，可以将其横平竖直的栏杆和弯曲的走廊以线条的形式突显出来，增加画面的形式美感。

分割画面

无论任何形态的线条，当它们相互交错时，就具备了分割画面的功能。充分利用这一功能，可以通过分割的方式让画面更丰富。最常见的应用形式是以窗框、围栏或栅格来分割画面，从而表现出一种禁锢的感觉。

仰视拍摄建筑内部的曲线结构，画面简洁且具有流线感的形式美

35mm ┆ f/10 ┆ 1/50s ┆ ISO 160

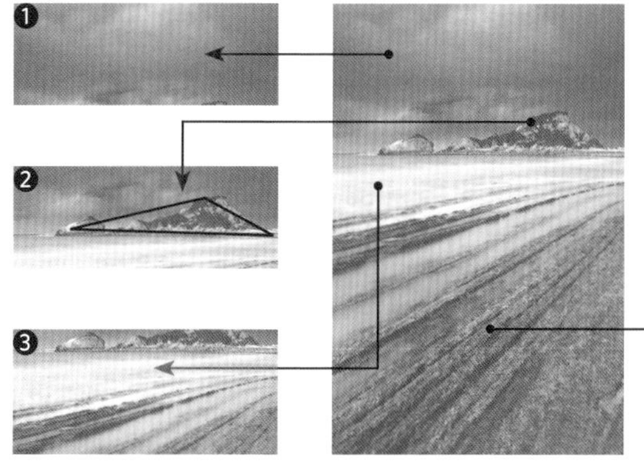

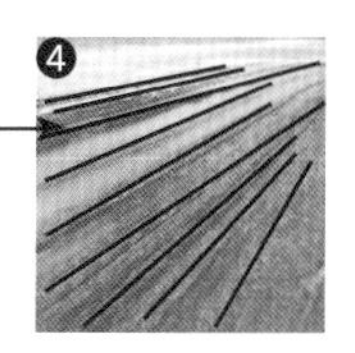

❶ 浓浓的云层渲染了画面
❷ 三角形构图使画面更稳定
❸ 长时间曝光使水面形成丝绸般的效果
❹ 前景采用放射线构图拍摄礁石，形成画面的分割线

前景中礁石形成的线条将画面分割成两部分，使远山在画面中更加突出

30mm ┆ f/16 ┆ 9s ┆ ISO 100

寻找线条的6种方法

线条可以很好地塑造照片的形式美，因此在摄影时应该尝试提取画面中的线条进行表现。但并非所有的景物都具有线条，或在常规的视角下需要表现对象的线条不够明显和美观，此时作为摄影者就应该尝试使用一些特殊的视角去寻找并提取其中的线条，或者说是创造线条。

寻找有形的线条——建筑物的线条

无论是现代建筑还是古代建筑，大都具有比较鲜明的线条感，无论直线或曲线，都是值得摄影者仔细观察并捕捉的拍摄题材。

寻找有形的线条——植物

植物也是一种具有明显线条感的拍摄题材，尤其是细小的枝条、冬天干枯的树枝等，都可作为表现线条的对象来进行拍摄。

这种拍摄题材的线条本身比较纤细，很容易被杂乱的背景所淹没，因此在拍摄时，应尽可能地选择简洁的背景，或使用浅景深将线条以外的区域尽可能虚化掉，使主体更加突出。

例如，树叶的侧面、抽出的枝条、挂着白雪的干枯树枝或嫩绿卷曲的滕干等，都具有优美的线条，因此配合大光圈对背景进行虚化，就能够在前景中突出展现这些极为精致的线条。

↑ 借助建筑本身的线条构图，形成一定弧度的曲线构图，使画面更具形式美感

17mm | f/16 | 1/125s | ISO 100

↑ 拍摄植物盘旋向上生长的垂直线，这样的画面给人以生机勃勃的感觉

200mm | f/3.5 | 1/1250s | ISO 100

寻找有形的线条——山脉

提炼山脉的线条与提炼建筑的线条有着很大的相似之处。与建筑线条的相对规则相比，山脉的线条更加随意，更充满自然的韵味。即使是没有棱角的山脉，在合适的光线下也能够提炼出精彩的线条。

寻找有形的线条——道路、桥梁

道路和桥梁是比较常见的风光拍摄题材，不同的道路和桥梁形成的线条也各不相同，在拍摄时可注意突出其特点来表现。例如，可以拍摄纵横于田间的小道，使其成为分割画面的线条，而将田间劳动的人物作为点睛之笔，使画面更有生气。

长焦镜头拍摄山峰顶部，三角形构图使大山显得更雄伟、巍峨

200mm | f/322 | 1/250s | ISO 100

前景中的三角形构图使画面更稳定，同时形成牵引线条引导观者的视线至远景，远景中的曲线构图使画面更具动感

45mm | f/10 | 1/160s | ISO 100

寻找有形的线条——自然地貌

大自然的地貌千变万化，由于地理位置、生态环境等诸多因素，呈现出千奇百怪的景象。例如，我国的九寨沟、黄龙、魔鬼城，美国的羚羊谷、黄石国家公园等，这样的地貌都能够呈现出各种各样的线条。

寻找有形的线条——光线

光线也是一类比较常见的线条，无论是自然光线，还是人工光线，都是非常不错的表现对象。例如，可以使用广角镜头捕捉完美的半圆形彩虹线条，给人以美好的憧憬。通过慢速快门拍摄得到的车灯拖尾效果，形成了具有明确方向感的线条——这也是通过技术手段创造线条的一个典范。

利用明暗对比的方法拍摄羚羊山谷，可以看出画面线条感明显

30mm ┊ f/9 ┊ 1/100s ┊ ISO 100

阳光透过树林形成的线条为画面增添了神秘的色彩

45mm ┊ f/5.6 ┊ 15s ┊ ISO 100

线条的类型

线条的类型主要有以下两种。

显性线条，是指被摄物体本身所具有的线条。显性线条具有存在的稳定性和视觉上的直观性，易于掌握，可供摄影者长时间地选择、构思和运用。

隐性线条，是指在一定外因作用下才会出现的线条，比如倒影、光线，或是利用快门速度提炼出的线条等。

树木本身是垂直的，低角度拍摄可以使树木的垂直效果更明显，结合道路的三角形构图，使画面更具稳定性

24mm ¦ f/10 ¦ 1/320s ¦ ISO 100

长时间曝光使车流拖尾形成光轨效果，S形曲线构图使画面更具动感

45mm ¦ f/7.1 ¦ 50s ¦ ISO 100

线条的样式

不同的线条具有不同的情感特性，因此在构图时要想运用得当，必须了解不同线条样式的特点。

刚毅有力的直线

水平的直线富有静态美，可以使人感觉稳定、平静、安定，适宜展现开阔的视野和壮观的场面。

但是切记不要把直线放在画面的正中间，形成对等分割，这样会让人觉得十分生硬。

垂直的直线给人一种很有力的感觉，代表着生命、尊严和永恒。

倾斜的直线能使人联想到动感和活力，能让人感觉到动荡、危险等感觉，而且斜线的长度越长，动感效果越强烈。

↑ 截取树干以垂直线构图的形式来表现，画面给人以刚劲有力、勃勃生机的感觉

15mm ┆ f/8 ┆ 1/800s ┆ ISO 160

↑ 以剪影形式来表现柳条，使画面形成垂直线构图

50mm ┆ f/1.8 ┆ 1/1000s ┆ ISO 100

灵动飘逸、婉约流畅的曲线

相对于直线而言，曲线更富有自然美。如果说直线是男性，具有刚毅的感觉，那么曲线就是女性，具有浓郁的情感，有女性化的柔和感觉，十分优美、流畅。灵动飘逸的曲线总能为画面增添不少美感。

俯视角度拍摄蜿蜒的河流，S形曲线构图动感十足，牵引观者视线看向远方，增加了画面的空间感

27mm | f/13 | 1/250s | ISO 100

回转含蓄的折线

折线构图也是一种可以使画面呈现动感的构图方式，并且可以起到引导视线走向的作用。只是在效果上，折线要比斜线回转、含蓄一些。

曲折向上的楼梯形成折线构图，给人以积极向上的感觉

70mm | f/10 | 1/13s | ISO 400

5.3 摄影构图中的面

面在摄影中可以作为元素的载体或画面的主体出现，而面的形成则可以依据线条或色彩进行划分，划分后的画面呈现出不同的面的形式，不同的面在画面中具有不同的视觉倾向和视觉感受。此外，面可以是实体，也可以是虚体，尤其是面作为虚体的概念时，如果能够深入理解并掌握，就能够扩展摄影者的创作思路。

↑ 以大面积的天空为背景衬托雪地上的两棵树，画面看起来非常干净、通透

32mm ┆ f/10 ┆ 1/640s ┆ ISO 100

5.4 摄影构图中点、线、面的综合运用

对于摄影构图而言，点、线、面都不是单独存在的，甚至有人曾说：一幅照片就应该是点、线、面三者同时存在，只有这样才是一幅完整的构图。且不讨论这种说法是否正确，但在一个画面中，确实常常涉及三者的综合运用，此时，只有使它们相互协调、相互平衡，才能获得最佳的构图效果。

点与面

点是一种最简捷的形态，点是线的收缩，线是点的延长，面是点的扩张。

点是画面中所占比例较小的元素，但不一定点状物体才能称为“点”。点因面的映衬而显得精小。在整体构图中，由于点起到画龙点睛的作用，因而有时尽管其不是点，也被当成点对待。

线与面

线和面没有明显的界限，不同的面均由线组成。密集的点会构成线，如果再将线条扩张后最终会变为“面”，这是不可更改的定律。所以说一张照片里，不可能缺少面的存在。

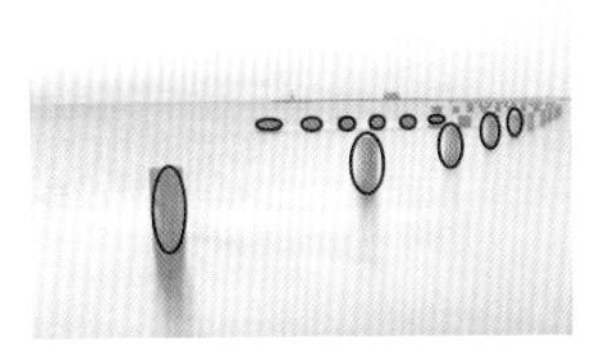

画面中的物体以点的形式存在，给人一定的韵律感

24mm ┆ f/14 ┆ 1/100s ┆ ISO 200

画面中的线与面相结合，使画面内容显得丰富

18mm ┆ f/13 ┆ 1/2s ┆ ISO 100

点、线、面

“面”的构成、“线”的分割、“点”的点缀都是相互关联的。面是点的扩大，是线的延续和相交，面虽占较大的面积，但不一定是画面的精华所在。面为点和线提供自由驰骋的疆场，面总揽点和线，没有面，点将无立足之地，但是没有点和线的组合面也不复存在，因此，点、线、面三者相互依赖。

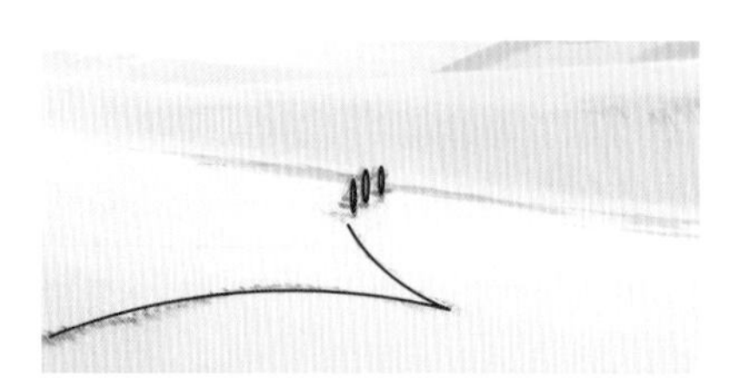

画面中人物是点，人物走过的痕迹是线，场景是面。点、线、面相结合，构成了一幅内容丰富的画面

70mm | f/8 | 1/250s | ISO 400

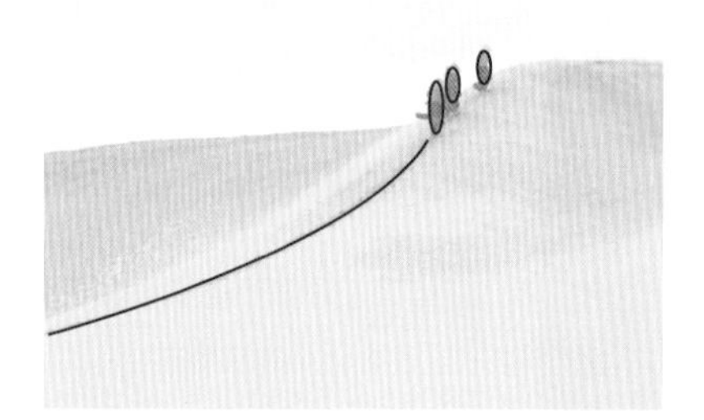

画面中有蓝色和黄色两个面，人物和足迹以一点和一线的形式出现在面上，画面显得很和谐

70mm | f/8 | 1/125s | ISO 400

画面中的点、线、面三元素相结合，使画面显得均衡，内容丰富

55mm | f/10 | 1/250s | ISO 140

第6章

构图原则

6.1 画面简洁原则

一幅漂亮的照片会有主体、陪体、前景、背景等各种元素，主体的地位是不能改变的，要注意其他元素的搭配不要干扰到焦点的位置。在一幅画面中，主体突出才能主题明确，整体画面才不会凌乱无序，干净、简洁的画面能带来无穷的视觉享受。

无论是拍摄动物、人像、风景还是建筑，简洁都是获得好照片的不二法则。

使用长焦镜头形成较窄的视角，使画面中纳入较少的环境，从而使画面更加简洁

135mm | f/3.5 | 1/250s | ISO 100

用后期完善前期：修除多余杂物

本例主要是使用“填充”命令中的“内容识别”选项，对照片进行智能填充并修补处理。摄影师可根据需要，使用任意的选区创建功能，将要修除的目标照片选中，再应用此命令即可。

详细操作步骤请扫描二维码查看。

原始素材图

处理后的效果图

6.2 画面均衡原则

利用对称进行构图

对称式构图通常是指画面中心轴两侧有相同或者视觉等量的被摄物，使画面在视觉上保持相对平衡，从而产生一种庄重、稳定的协调感、秩序感和平稳感。对称式构图能使观者感受到完美的和谐，但也使人感到拘谨、单调和无趣。

对称式构图在摄影构图意识中，虽常被人为是单调呆板、机械天平式的构图，但其用途仍十分广泛，若运用得当，也能够成就好照片。

例如，拍摄建筑时，尤其是中国古代建筑，因为这些建筑讲究天圆地方，结构多为对称式，因此可以利用其建筑自身的造型拍摄出对称优美的照片。

个 以对称式构图来表现远山与树木，平静的河面使画面看起来非常安静，前景中野花的点缀也使画面更加生动，富有生机

24mm | f/20 | 1/80s | ISO 200

利用均衡进行构图

人们对于对称的体验最早是来自于人体、动植物本身就具有的对称性，因此已习惯于对称形式，因此当对称的物体一旦被破坏，就会让人感到不舒服，因为对称本身就具有完整性。

但如前所述，对称的摄影构图会让人感觉平淡与无趣，因此必须采用一定的手法使这种对称产生变化，这种变化的最佳效果就是均衡。

均衡不是指画面的左右或上下两边存在同样大小、形状和数量的景物，而是利用近重远轻、近大远小、深重浅轻等符合一般视觉习惯的视觉规律，让不同属性、不同质量的景物在画面上相互呼应，从而使画面产生一种平衡的感觉。

观者在观看一幅摄影作品时，往往会很自然地要求画面上的物体在视觉上达到均衡状态，否则就会产生一种不稳定感，因此摄影师必须依靠前面所讲述的利用重力均衡获得非对称均衡的构图方法，来使画面获得内在的平衡感。

摄影师利用广焦镜头将太阳置于画面的三分线上，同时又将骑马的人处理成剪影效果，并置于画面左侧的黄金分割点上，这样的构图既避免了画面单调，又通过明暗对比的手法突出了主体

200mm | f/9 | 1/1000s | ISO 200

6.3 对比突出原则

虚实对比

在对比法构图中，最为常见的是虚实对比。虚实对比法是通过利用镜头或调整物距的手段将背景或前景进行虚化，将所要表达的主体内容清晰地表现出来，两者相互对比，便呈现出虚实对比的效果。

清晰的主体与虚化的背景做对比的方法，可以使观者的视线很快注意到主体上，常见的虚实对比题材有人像、花卉和昆虫摄影等，这样的画面可以使主体得到更突出的表现，加深观者对主体的印象。

利用大光圈使前景与背景的人物形成虚实对比，这样可增加画面的空间感

70mm | f/3.2 | 1/250s | ISO 200

❶ 实：将对焦点对准前景人物，保证主体清晰
❷ 虚：大光圈将背景人物虚化，避免其干扰主体的表现
❸ 针对主体测光，将背景和背景人物压暗，以突出主体

大小对比

大小对比构图的方法常用来突出表现建筑、大海、草原、沙漠和宽瀑布等大面积、大体积的景物。通过摄影器材、摄影角度及景物选取等手段，营造出画面中主体与陪体大小对比的关系，从而达到利用陪体的渺小突出主体宏大的面积或体积的目的。

这种构图的优点在于，在画面中较大的主体与较小的陪体不仅可以使观者的注意力很快集中到主体上，还可以通过较小的陪体来大致推测出主体的体积，加深对主体的了解。

↑ 建筑与地面的人物形成的大小对比，显示出此建筑的庞大

17mm | f/10 | 1/400s | ISO 100

❶ 交织错落的建筑结构，形成具有形式美感的画面

❷ 大：利用广角镜头拍摄室内建筑，突显建筑的透视感

❸ 小：利用展览馆里的游人做对比，与建筑形成大小对比

远近对比

远近对比构图手法最容易表现画面中的空间感和距离感，这是因为画面中的主体、陪体、前景及背景之间存在着一定的距离，非常适合强调主体所处的位置和重要性。

较近的主体与较远的陪体或背景使主体非常突出、醒目，在人像和花卉摄影中常使用这种构图手法。

❶ 使用偏振镜，使画面色彩更饱和

❷ 小：远景的石头非常小，与近景的石头形成鲜明的大小对比

❸ 大：广角镜头的透视性能，使近景的石头较大

利用前景的卵石与远处的城堡形成了远近对比，这样的表现方式不仅可增加画面元素，也增加了画面的空间感

15mm | f/16 | 1/320s | ISO 200

动静对比

呈现在摄影作品中的景物并不能运动，但如果拍摄的是体育摄影的题材，如赛车、赛跑或赛马等，为了真实地反映所拍摄的场景，就要运用动静对比的构图手法，使画面中的运动对象呈现出运动特征。其基本原理就是，利用有动态模糊效果或强烈动势的主体或陪体与其他静态的景物做对比，从而使观者感受到画面的动感。

⬆ 流淌的溪流与恬静的女孩形成了动静对比，画面透露出一丝夏日清爽的感觉

115mm ┊ f/8 ┊ 1/2s ┊ ISO 100

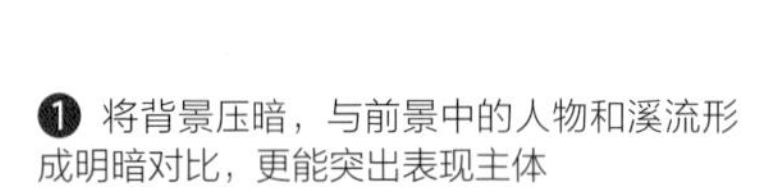

❶ 将背景压暗，与前景中的人物和溪流形成明暗对比，更能突出表现主体
❷ 动：较快的快门速度形成水流流动的效果
❸ 将前景虚化以便更好地突出主体
❹ 静态的石头与流动的溪水形成动静对比
❺ 静：静态的人物、身边的石头与水流形成动静对比

明暗对比

明暗对比构图法是通过单反相机对光影与曝光的控制和调整，使主体、陪体和前景之间的亮度产生差异，从而使主体对象突出的拍摄方法。通常在拍摄明暗对比强烈的画面时，可以轻松得到这种明暗对比的效果。如果所拍摄的场景光比不够大，也可以通过一定的技术手段使画面的明暗对比更明显。在拍摄昆虫和花卉等对象时，可以利用明暗对比的手法来突出主体。

闪光灯只照亮了模特，周围的环境漆黑一片，强烈的明暗对比使模特的皮肤看起来更加白皙

55mm | f/5.6 | 1/250s | ISO 100

❶ 暗：夜晚拍摄，使用黑暗的夜色作为背景
❷ 明：使用人工光将人物打亮，并针对人物测光，使人物获得正确曝光的同时压暗背景
❸ 较暗：使用较暗的礁石作为前景
❹ 人物白皙的皮肤、暗色的背景与礁石形成明暗对比，使人物更加突出

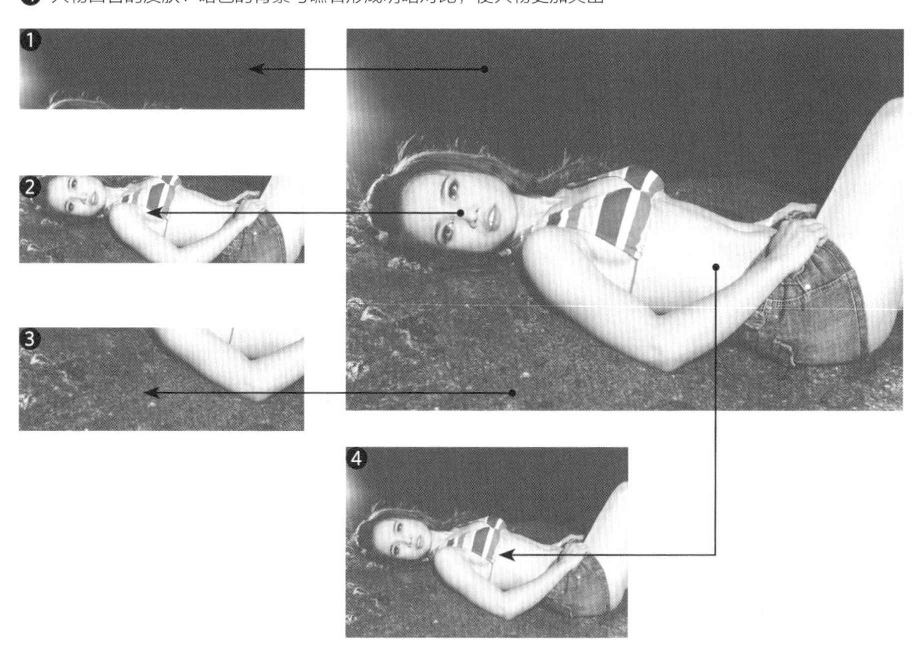

色彩对比

色彩对比构图是利用画面中不同的色彩在人眼中的视觉感受不同而形成对比。色彩对比构图的方法有互补色对比、冷暖色对比等方式。不同的色彩对比法使人产生的视觉体验也不同，如互补色可以强调主体的地位，冷暖色可以表现画面的空间感等。有关色彩搭配的定义和知识在第13章中会有详细介绍。

色彩对比的手法常见于花卉、静物和风景摄影等，对于突出主体、丰富画面有着很好的效果。

黄色的花卉在紫色背景的衬托下更显娇艳、明亮

100mm | f/3.5 | 1/100s | ISO 100

❶ 紫色：将背景安排成与主体互补的色彩——紫色，并将其做压暗、虚化处理，更好地突出主体
❷ 对角线将画面分成黄色和紫色两个色块
❸ 黄色：向日葵的黄色在画面中占据主体位置，十分鲜艳、抢眼

形状对比

世间万物均有其独特的形状，在取景时可以在拍摄环境中提取元素，单一表现某些景致的外观形状过于呆板，利用画面中各种线、面组成的形状进行对比，是突出形状元素和整体画面形式感的理想方法。

不同形状的画面元素可以相互对比、衬托，使观者更易于发现主体、意识到主体的存在。

在形状元素的选取方面，要注意主体的轮廓是否清晰美观，它们与背景、周围元素的明暗、质地是否有反差。

墙上的半圆和矩形图案，与人物形成了形状对比，让画面简洁、明了

50mm ┊ f/5.6 ┊ 1/30s ┊ ISO 320

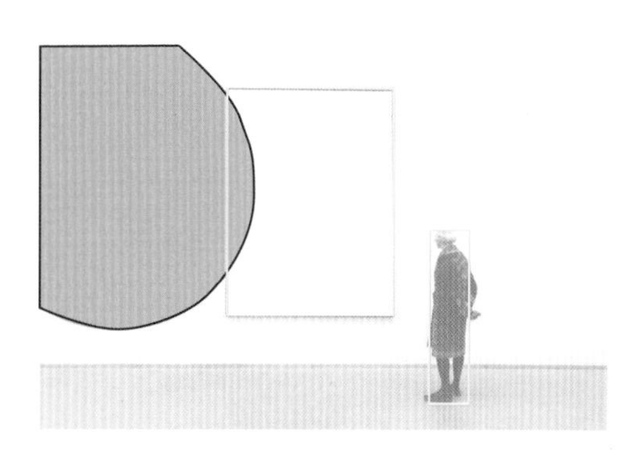

方向对比

利用人们对于方向的敏感性，也可以形成对比，这种对比可以从两个运动着的物体中寻找，成语“南辕北辙”“背道而驰”中实际上就包含了方向的对比感。在实际拍摄时，如果能够捕捉到与马群奔驰的方向相反的马匹，无疑能够使画面充满悬念。

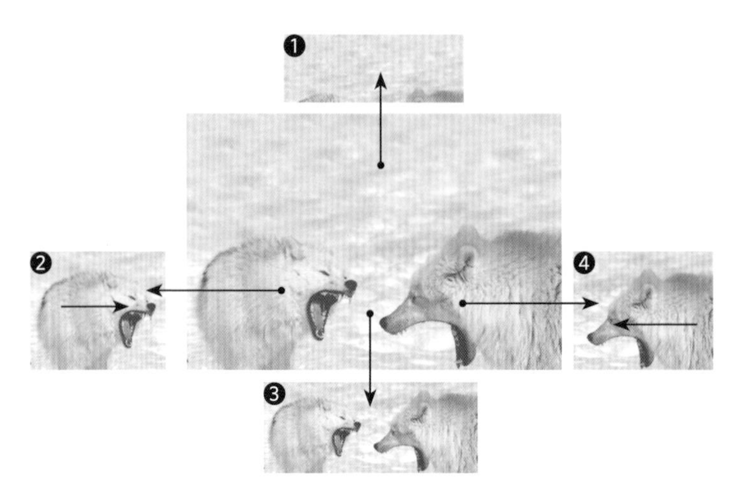

❶ 适当地进行留白，既交代了主体的生存环境，又不干扰主体表现，更好地突出主体
❷ 向右可以看清主体的正面，其咆哮、狰狞的样子表现了其凶残的兽性
❸ 两只正面相对、互相挑衅的狼，它们张大的嘴使画面更具感染力
❹ 虽然只有侧面，但是狼张大的嘴巴能使人感受到强烈的反抗情绪

两只互相咆哮的狼使画面给人带来剑拔弩张的感觉

180mm ┆ f/7.1 ┆ 1/800s ┆ ISO 100

质感对比

光滑的质感能够与粗糙的质感形成对比，坚硬的质感能够与柔软的质感形成对比，通过质感之间的对比能够在画面中形成趣味中心点，容易吸引观者的注意力。这也是为什么在许多手表的商业摄影作品中，将光滑的手表放在粗糙岩石上的原因。

女孩细腻的皮肤和光滑的丝绸裙子与干枯的树木形成明显的质感对比，这样的对比也衬托出女孩的青春与朝气

100mm ¦ f/3.2 ¦ 1/320s ¦ ISO 200

1. 人物红色的服装与绿色的背景形成鲜明的颜色对比，更加突出主体
2. 光滑：女孩细致、光滑的肌肤很显青春活力
3. 利用人物光滑的衣服质感、细腻的皮肤与树皮粗糙的质感形成质感对比
4. 深色的树皮与女孩白皙的肌肤形成明暗对比

6.4 营造画面节奏韵律

利用明暗与透视形成节奏

物体经过光线照射，形成明暗不一的线条感。线条的变化交错在视觉上容易形成有节奏韵律的视觉效果，摄影者可以在被摄对象上寻找具有多变性的线条，从而形成具有节奏感的画面构成。

画面中利用照进建筑内部的光线形成明暗效果，强化了建筑的结构线条，在获得韵律的同时，其具有透视效果的线条还使画面更具张力

75mm ┆ f/8 ┆ 1/60s ┆ ISO 100

利用渐变变化

画面中的构成元素按照所在的位置差异，也可以形成节奏，这种节奏感比单纯重复所获得的节奏感更具多样性与欣赏性。

当画面中的景物大小形成类似渐变变化关系时，利用构图元素之间的大小变化来形成带有渐变韵味的节奏感与韵律感，从而吸引观众的注意力。

摄影者位于整排树木的前侧方拍摄，从而使树木在画面中形成了具有透视效果的渐变变化，使画面具有韵律感的同时，获得了更大的空间延伸感

85mm ┆ f/11 ┆ 1/125s ┆ ISO 100

利用疏密变化

摄影与绘画的构图有着很多的相似性，疏密变化法则就是其中一个。在摄影构图中，某些元素的画面位置相对集中，而另一些元素则相对分散，正如国画中讲求的疏可走马，密不透风。

疏密在画面中有着重要的意义。只有疏而没有密画面就会显得零散，而只有密没有疏画面就会显得呆板，画面中疏中有密、密中有疏，疏密相结合统一在同一画面中，才能够赋予视觉和心理上的节奏感，给人以美感。

生长在同一枝丫上的花朵形成了画面中的"密"，成了画面的视觉中心点，而画面的其他部分则形成了画面的"疏"，从而使画面主体突出，而且具有视觉节奏感

90mm ┊ f/4 ┊ 1/100s ┊ ISO 100

利用形体变化

形状的差异性可以形成对比效果的关系，利用这种关系可以获得具有韵律感的画面效果。

在拍摄时，画面中的物体造型过于相似时，会使画面显得乏味、单调。因此，在构图时，不能将全部的注意力集中在那些相似的景物上，而应该注意从相似中寻找微妙的形体差异，从而塑造出具有对比性的画面节奏感。

画面中造型各异的树木形成了趣味性的画面视觉效果，同时还具有一定的韵律感

105mm ┊ f/16 ┊ 1/10s ┊ ISO 200

利用大小变化

在摄影中可以通过让某个物体更靠近镜头而使其他物体远离镜头的技法，将一个物体表现得比其他物体大一些，从而在大小方面形成对比。利用大小变化的关系处理画面不仅可以强调画面的空间感、距离感和延伸感，并且使画面产生张力。

在拍摄时，摄影师可以选择使用广角镜头来获得这种画面效果。广角镜头既可以获得较为宽阔的视野，又可以产生近大远小的透视效果，以突出主体与陪体之间的大小差异关系和视觉距离感，使画面的韵律感被加强。

50mm ¦ f/11 ¦ 1/125s ¦ ISO 100

两幅画面利用视觉透视效果呈现出不同的大小关系，以获得独特的韵律感

35mm ¦ f/3.5 ¦ 1/250s ¦ ISO 100

6.5　注重画面内容相互呼应

呼应是指在摄影作品中画面构成元素之间必须要具备的联系，这种联系可能是由位置、颜色、光影等方式形成的。

前景与背景呼应

在一幅画面中，前景应该与背景相互呼应，这样才能使整个画面形成统一的整体，给人一种完整、均衡的感觉。

将前景中正在拍摄的摄影者也纳入画面中，与模特形成呼应，为画面增添了故事性

110mm | f/5.6 | 1/400s | ISO 100

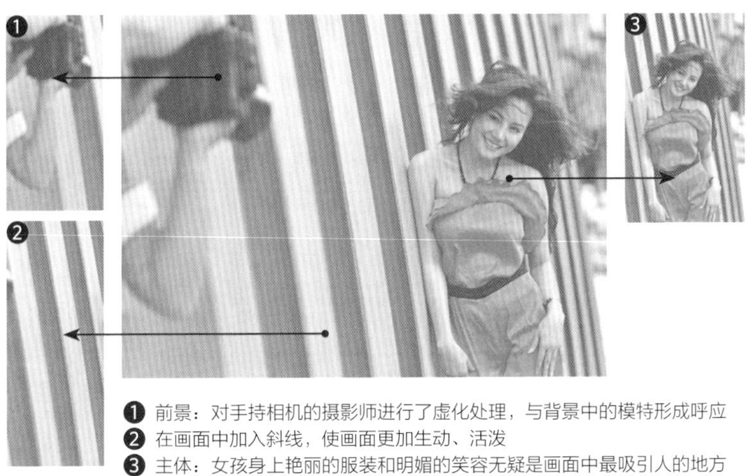

❶ 前景：对手持相机的摄影师进行了虚化处理，与背景中的模特形成呼应
❷ 在画面中加入斜线，使画面更加生动、活泼
❸ 主体：女孩身上艳丽的服装和明媚的笑容无疑是画面中最吸引人的地方

颜色呼应

利用画面中各构成元素之间颜色的协调与呼应，可以使画面显得更加和谐、平稳，让观者从视觉上更容易接受画面的内容。

整体暖色调的花海与暖色调的天空形成呼应，画面显得更加协调、舒服

22mm ┆ f/8 ┆ 1/2s ┆ ISO 100

位置呼应

画面中的元素在位置关系上形成一定的呼应，可使画面中的各个元素之间更加协调、均衡，画面显得也更稳定。

前景中的花朵与远景中的太阳形成呼应，使画面看起来更有延伸感、空间感

24mm ┆ f/20 ┆ 1/5s ┆ ISO 100

6.6 最终原则——营造画面的兴趣中心

一幅成功的摄影作品必须要有一个鲜明的兴趣中心点，其在点明画面主题的同时，也是吸引观者注意力的关键所在。在一幅作品中无法包罗万象，过多对象的纳入只会使画面产生杂乱无章的效果，且易分散观者注意力，使画面主题表达不明确。

而营造画面兴趣中心只要求画面突出表现一个景物，只要求具有一个清晰而鲜明的事物或主体思想即可，它可以是整个物体或者物体的一个组成部分，是一个抽象的构图元素，也可以是几个元素的组合等，从而使画面产生统一感。选择好所要表现的主体对象之后，摄影者可以通过画面的布局、大小、对比来加强并使之在画面中占据绝对的优势。

画面中结合木板桥的结构进行拍摄，获得具有汇聚形式的构图，但不足的是画面中只有形式缺少视觉焦点，使画面主体不明确

50mm ¦ f/11 ¦ 1/125s ¦ ISO 100

以曲线的河流作为前景，起到视觉引导的作用，让人随之观看远处的高山与恰好飘在山峰之上的彩云，整个画面浑然一体

50mm ¦ f/11 ¦ 1/125s ¦ ISO 100

第7章

影响摄影构图的重要因素

7.1 选择拍摄水平方向

正面

正面拍摄，也就是相机与被摄体的正面相对进行拍摄。使用正面角度进行拍摄，可以很清楚地展示被摄对象的正面形象。

虽然用正面拍摄人像可以显示出亲切感，拍摄建筑能表现建筑对称的风格等。但是由于正面拍摄时只能看到主体造型的一面，缺乏立体感，所以一般不适合用正面拍摄表现丰富、动感的题材。

↑ 采用正面构图拍摄，使画面中主体人物呈现出较强的亲和力

50mm ┊ f/2 ┊ 1/125s ┊ ISO 100

斜侧面

斜侧面拍摄，就是相机位于正面与侧面之间的位置进行拍摄。使用斜侧面进行拍摄，可以增加被摄对象的立体感。

选择斜侧面方向进行拍摄，可以使画面的透视感得到加强，在丰富画面层次的同时，使被摄对象更加鲜活、生动。

← 主体人物以斜侧面呈现在画面中，从而使人物显得更加鲜活、生动

70mm ┊ f/2.8 ┊ 1/160s ┊ ISO 100

侧面

侧面拍摄，就是相机位于与被摄体正面成90°的位置进行拍摄。使用侧面进行拍摄，可以突显被摄对象的轮廓。

当使用侧面拍摄人像时，眼神朝向的方向一定要留有空白，为画面增添想象的空间。而且，侧面拍摄还能给人一种含蓄的感觉，使观者产生一种想一睹“庐山真面目”的感觉。

人物以侧面出现在画面中，其形体轮廓获得了较好的突显，同时她的头部略向上抬起向前看，较易引起观者的联想

70mm ¦ f/2.8 ¦ 1/400s ¦ ISO 100

背面

背面拍摄，就是相机位于被摄对象后方的位置进行拍摄，背面拍摄意境更含蓄。

使用背面拍摄，融入环境以衬托主体，虽然看不到主体的正面，但是可以通过环境进行想象。

结合拍摄环境中弥散的大雾，人物以背影的形式出现在画面中，增添了画面的含蓄、神秘的气氛

50mm ¦ f/11 ¦ 1/125s ¦ ISO 200

7.2 选择拍摄远近距离

远景

拍摄远距离景物的广阔场面的画面称为远景，远景拍摄能够将画面主体全部纳入画面。

远景画面的特点是空间大、景物层次多、主体形象矮小、陪衬景物多。远景能够在很大范围内全面地表现环境。拍摄远景时，要表现画面的整体气势，正如绘画理论中提到的“远取其势”，所以摄影师要从大处着眼，以气势取胜。

在构图中要关注画面中的线条，如江湖河道的走向，山峦起伏形成的线条，以及田野、特殊地形、云层彩霞形成的图案等重要因素。

利用远景表现飞奔而来的狗狗，将其奔跑的状态表现得很好

200mm | f/6.3 | 1/640s | ISO 200

❶ 雪地形成自然的反光板，即使逆光拍摄，狗狗的正面也能正确曝光
❷ 大光圈虚化背景，使主体更突出
❸ 低角度拍摄，将前景虚化
❹ 逆光拍摄使狗狗的周边毛发镶上金边

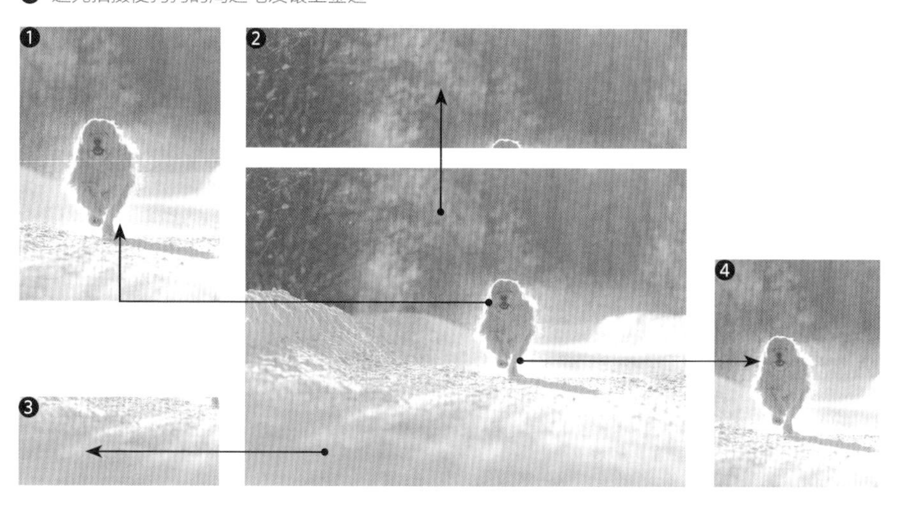

全景

全景拍摄昆虫，画面更完整，画面的信息更全面

200mm ┆ f/2.8 ┆ 1/100s ┆ ISO 100

凡是能够表现被摄对象全貌的画面统称为全景，如表现人物全貌的全身照片和表现建筑物全貌的照片。

小到人像的全身照、几平方米的室内照，大到可容纳上千人的会场照、举办大型体育会的场馆等类的照片，都可称为全景照。所以，全景的范围大小取决于拍摄对象的体积和面积。

由于拍摄全景的距离比远景近，画面范围也小，主体大，陪体数量少，因此全景照片通常用于说明所记录事物的全貌（包括事物与环境的关系）。

中景

中景画面的主体比全景高大、突出，但由于画面容纳景物的量比较少，所以在交代环境方面明显不足，气势方面相对较弱。报纸杂志用的新闻图片多数是中景，因为中景构图不但可以说明新闻的主要活动情节，而且对新闻背景和环境要素也可以进行适当交代。

酌情纳入环境的同时，使画面主体人物更加突出

85mm ┆ f/3.2 ┆ 1/160s ┆ ISO 100

利用中景景别结合特殊的光影效果，对树木的质感和形态有很好的表现

24mm ┆ f/9 ┆ 1/500s ┆ ISO 200

近景

在距离主体比中景更近位置的摄影画面，统称为近景。近景画面中只包括被摄体的主要部分，针对性较强，拍摄时可以对不必要的内容进行省略。

我国画论中有“近取其神”或“近取其质”的说法，就是指在近距离表现人像时应该着重表现其神情，如果表现的是其他对象，则应该考虑表现其质感纹理。

利用长焦镜头结合大光圈将背景虚化，更好地突出猫咪警觉的神情

200mm | f/3.5 | 1/500s | ISO 200

特写

特写是在极近的距离（1米左右）拍摄的画面，主要以被摄对象的局部作为画面的主要构成，使其充满画面进行拍摄，对于其质与神的表现，则更加细致入微与传神，从而引起共鸣，突显主体。

由于特写只能表现对象的某一部位，如一件物品、一个建筑或一个人的局部，无法表现环境，因此拍摄特写时应在“特”字上下工夫。如果表现的是人像的局部，一定要有特殊的神态表情或身体细节；如果表现的是物品，应该要表现其特殊的纹理层次，从而使特写画面效果的清晰度和细节鲜明突出，给观者带来强烈的视觉印象。微距摄影是一种典型的特写景别。

以女人最具魅惑的朱唇作为特写，使画面一目了然，被放大处理的局部特写给观者留下了深刻的印象

135mm | f/10 | 1/250s | ISO 100

直接对具有特色的建筑物细节进行拍摄，如牌匾、门环和浮雕等，使观者在充分欣赏其细节精美的同时，深刻感受到其独特的风格

70mm | f/3.2 | 1/160s | ISO 100

用后期完善前期：裁剪出人物的特写照片

通过后期裁剪以改变照片构图的操作又称为二次构图，使用Photoshop中的裁剪工具 可以很轻易的完成多种裁剪处理。但要注意的是，在裁剪过程中必然会损失一定的内容，因此要注意画面取舍的平衡。

详细操作步骤请扫描二维码查看。

原始素材图

处理后的效果图

7.3 选择拍摄垂直高度

平视

平视拍摄是指相机拍摄所处的视平线与拍摄对象在同一水平线上。如果所拍摄的场景中有地平线或水平线，则这些线条通常位于画面的中部。

这种视角特别适合于拍摄上下对称的场景，例如有倒影的水面。由于平视拍摄的形体不易变形，因此可以表现有规则线条图案的被摄体，给人以平等、冷静、亲切的感觉。

由于用平视角度进行拍摄时，主体会遮挡其后方的景物，因此这种角度不利于表现景物的层次，画面缺乏空间透视效果。

平视拍摄风景时，利用对称式构图表现宁静的湖泊，画面给人的感觉很舒服，符合人们的视觉习惯

24mm ┆ f/9 ┆ 1/50s ┆ ISO 200

以平视的角度拍摄体型娇小的猴子，不仅在拍摄时不会使猴子有压迫感，还可在画面中很好地表现它的大眼睛

300mm ┆ f/4 ┆ 1/60s ┆ ISO 400

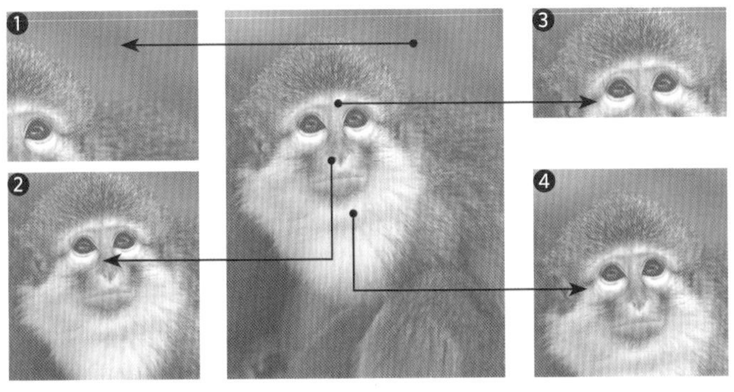

❶ 长焦镜头结合大光圈得到浅景深，使主体更突出

❷ 针对猴子的面部进行测光，保证曝光正确，并将背景压暗，以更好地突出主体

❸ 着重表现猴子的眼睛和表情，用以唤起人类对动物的关爱

❹ 用平视角度进行拍摄，使画面更加亲切、自然

俯视

当相机拍摄处于视平线以下的景物时，称为俯角拍摄，俯角拍摄适合于表现规模宏大、有很强的透视效果的场景。如果所拍摄的场景中有地平线、水平线，则这些线条处在画面的上部，天空占的面积少，地面景物占的面积多。

俯视的优点是被拍摄场景的前景和背景都能够在画面中呈现出来，整个画面的纵深感和层次感强，在风光摄影中能够体现“会当凌绝顶，一览众山小”的感觉，适合于表现城市、草原等大型场景，以及河流、桥梁和公路等带有明显曲线构成的被摄对象。

由于利用这种角度拍摄的被摄体呈现出明显的透视变形，其顶部变大，下部变小，景物的竖向线条向下汇集，因此在人像摄影中，运用不当会丑化人物，产生压抑、低沉、渺小的感觉。

以微俯视角度拍摄食物，配合大光圈进行虚化，很好地表现出食物的质感和色泽

35mm ┆ f/6.3 ┆ 1/60s ┆ ISO 100

俯视拍摄被云雾包围的建筑，大面积的云雾使画面更具神秘感

45mm ┆ f/16 ┆ 1/25s ┆ ISO 100

仰视

当用相机拍摄处于视平线上的景物时，称为仰角拍摄。如果所拍摄的场景中有地平线或水平线，可以非常明显地看到这些线条，处在画面下方或从画面下部出画，天空占的面积变大了，地面或水面的面积变小甚至没有。

仰拍最大的优点是能够提升前景的高度，使被摄体得到夸张表现，同时降低主体背后的景物，这种视角能够获得以蓝天为背景的画面，以避免杂乱的背景干扰观者的视线。

仰拍适合表现高大的竖向走势的景物，突显其挺拔、高大、雄伟的气势，整个画面能够给人以朝气蓬勃、奋勇向上的感觉，很有视觉冲击力。

如果采用仰视拍摄人物形象，则给人以崇高伟大的感觉，并且模特的身体会被拉长，使其显得更高。在拍摄现代建筑时，针对那些高耸入云的高层建筑，可以采用斜上仰视的拍摄手法，以拍摄出超出真实高度感觉的直入云霄的摩天大楼。

以对称式构图手法仰视拍摄建筑物，表现出了建筑物的高耸，而以蓝天为背景则使画面更简洁

10mm ┆ f/10 ┆ 1/800s ┆ ISO 100

仰视拍摄花朵，以蓝天为背景，不仅使花朵更显高大，蓝色背景与黄色花朵形成了鲜明的颜色对比，纯净的背景也使主体更加突出

46mm ┆ f/16 ┆ 1/80s ┆ ISO 200

7.4 常用画幅

横画幅

横画幅是指画面的宽度大于高度的一种画面幅度。横画幅构图之所以被人们广泛地应用，主要是因为横画幅符合人们的视觉习惯和生理特点，因为人的双眼是水平的，很多物体也都是在水平面上进行延伸的。

水平的横画幅构图给人以自然、舒适、平和、宽广的视觉感受。在横画幅构图中由于水平线被突出，往往能够使画面在视觉心理上产生一种稳定感，从而能够表现对象之间的横向联系与排列。横画幅还能够突出对象的水平运动趋势。

拍摄人像时，选择横画幅构图可以带入更多的环境，使人物所处的环境能够一目了然，很好地说明主体。

横画幅非常适合表现景物的宽广，水平线构图使画面更显稳定

18mm | f/2.8 | 30s | ISO 200

竖画幅

竖画幅是指画面的高度大于宽度的一种画面幅度。

竖画幅构图使观者的视线在上下空间中进行巡视浏览。另外，竖画幅有利于表现将画面上下部分的内容联系在一起的表达主题，也适合表现具有明显垂直线特征的对象，还适合表现平远的对象，或者对象在同一平面上的延伸和远近层次。

竖画幅构图还常常给人以高耸、向上的感觉，适合表现高大、挺拔和崇高等视觉感受。

拍摄人像时，如果想要表现人物的高大，也适宜选择竖画幅，结合仰视视角进行拍摄。

竖画幅可以很好地表现画面的延伸感和空间感

18mm ┊ f/2.8 ┊ 30s ┊ ISO 200

宽画幅

宽画幅是指画面的宽度与高度比例大于2:1的一种画面幅度。

宽画幅具有更大的宽高比，有时可以达到5:1甚至更高，《清明上河图》就是这样一幅典型的超宽画幅画作，这样的照片使观者的视野更加开阔。

这种画幅的照片通常是利用数码单反相机拍摄后，通过后期软件进行裁剪拼合得到的。

采用宽画幅高角度拍摄，获得了宽广的视角，将建筑整体的形态和延伸感、空间感展现得十分到位

方画幅

方画幅指画面的宽度与高度比例等于1:1的一种画面幅度。

方画幅是处于横画幅与竖画幅之间的一种中性的画幅形式，常常给人一种均衡、稳定、静止、调和、严肃的感受。方画幅有利于表现对象的稳定状态，常常用来表现庄重的主题，但使用不当，画面容易显得单调、呆板和缺乏生气。

方画幅拍摄蝴蝶，以黄金分割构图方法来表现，可使画面更生动

200mm ┊ f/3.2 ┊ 1/200s ┊ ISO 100

用后期完善前期：使用裁剪工具裁出正方形画幅

正方形的高与宽相等，所以无论影像为何，边框在视觉上就已经是非常稳定的状态，而且相对于常见的4:3或16:9等比例的照片来说，1:1比例的画面本身在视觉上就更突出一些。本例就来讲解正方形构图的裁剪方法及其技巧。

在使用裁剪工具进行裁剪时，应按住Shift键，以绘制正方形的裁剪范围，在调整裁剪范围大小时，也要时刻注意要按住Shift键。另外，在裁剪过程中，还可以配合三分网格进行辅助构图，以更好地确立画面的构图。详细操作步骤请扫描二维码查看。

处理后的效果图

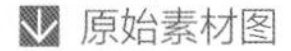
原始素材图

用后期完善前期：合成多张照片获得超宽全景照片

在本例中，将使用Photoshop中的Photomerge命令将多张照片拼合为一张宽幅全景图，然后结合裁剪工具及“填充”命令对其边缘的空白进行裁剪和修复处理。在完成全景图的基本拼合后，还结合多个调整图层和图层蒙版等功能，对照片整体的曝光和色彩进行了全面的处理。

详细操作步骤请扫描二维码查看。

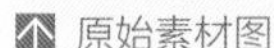
原始素材图

处理后的效果图

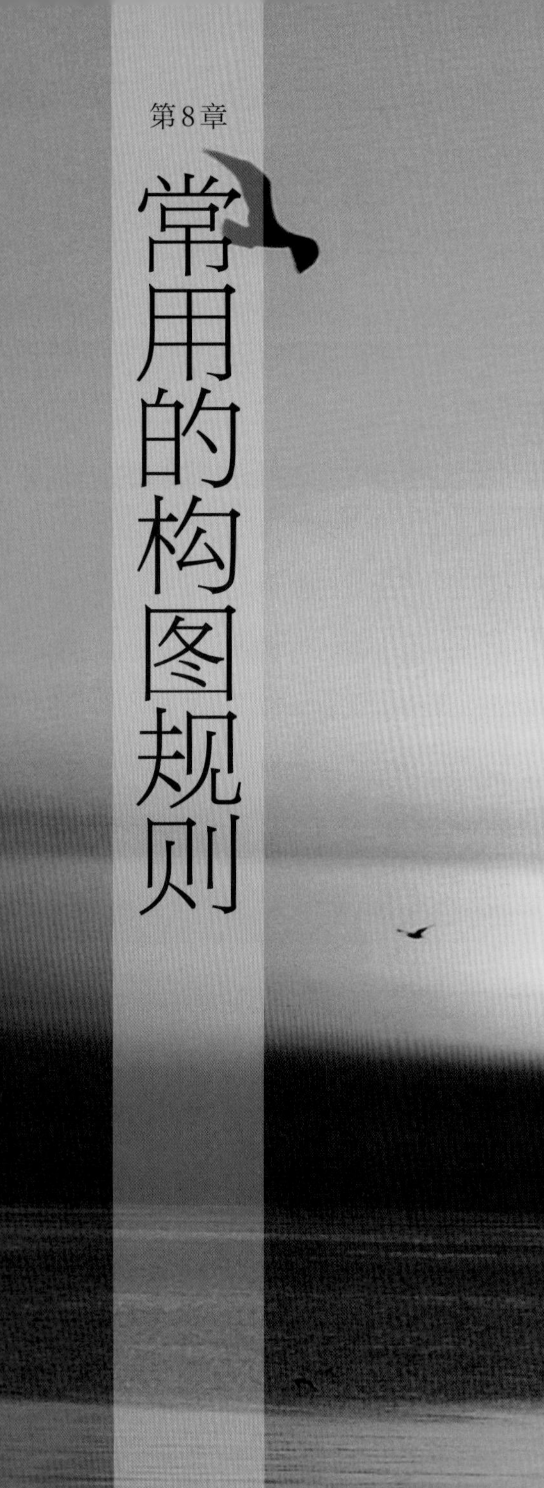

第8章

常用的构图规则

8.1 三分法构图

三分法构图是指用横线或竖线将画面横向或纵向平均分成三份，将被摄主体放在横线或竖线上的构图方式。三分法构图可以使主体突出，为观者留下强烈的视觉感受。

将主体建筑置于画面的右三分线处，使建筑在画面中显得很突出

75mm | f/14 | 1/800s | ISO 200

用后期完善前期：标准三分法构图的裁剪技巧

在摄影中，三分构图法是由黄金分割构图法简化而来的一种常用构图方法，但有时由于拍摄匆忙或失误，照片并没有不符合三分法构图，因而导致画面显得不够美观、重点不突出或画面不平衡等问题。

Photoshop CC中的裁剪工具可以对照片进行任意的裁剪，且该工具还可以设置“三等分”等网格叠加选项，从而在裁剪过程中，帮助摄影师确认画面元素的位置，并形成严谨的三分法构图效果。

详细操作步骤请扫描二维码查看。

处理后的效果图

原始素材图

8.2 水平线构图

水平构图是在风景中最为常见的构图方式，根据水平线位置的不同，照片给人的印象也会不同，因此牢牢把握拍摄意图是非常重要的。使用这种构图方法可以使画面更好地体现出宽广和延展性。

水平线位于画面的上部，使画面显得很宽广

18mm ¦ f/11 ¦ 1/320s ¦ ISO 800

水平线位于画面的中央，使画面显得很稳定

70mm ¦ f/7.1 ¦ 1/500s ¦ ISO 200

水平线位于画面的下方，使画面中的天空得到很好的刻画

80mm ¦ f/8 ¦ 1/250s ¦ ISO 400

用后期完善前期：让倾斜的照片重获水平

在拍摄照片时，尤其是带有水平线或垂直线的照片，通过肉眼观察往往无法让水平线绝对水平，或者让建筑物看上去垂直耸立于地面，甚至在开启了相机的辅助构图网格时，也可能由于拍摄匆忙，导致画面倾斜的问题，这样会极大地影响画面的平衡性和美观程度。

在裁剪工具 的工具选项栏中，提供了拉直按钮，使用它在倾斜的照片中，拖动一条与参照物相平等的线条，即可自动对照片进行倾斜校正处理。在处理过程中，还可以显示裁剪网格，以帮助摄影师确认校正结果的准确性。

详细操作步骤请扫描二维码查看。

原始素材图

处理后的效果图

8.3 垂直线构图

垂直线构图也是基本的构图方法之一，可以利用树木和瀑布等呈现的自然线条变成垂直线的构图。在想要表现画面的延伸感使用此构图是非常有利的，同时要稍微改变，让连续垂直的线条在长度上有所不同，这样就会使画面增添更多的节奏感。

画面中长短不一的垂线，为画面增添了节奏感

145mm | f/4 | 1/200s | ISO 400

8.4 斜线构图

斜线构图法在风光摄影中一般用来表现山峦和丘陵地区层叠的棱线。想让画面充满活力的动感时用斜线构图是最有效果的。

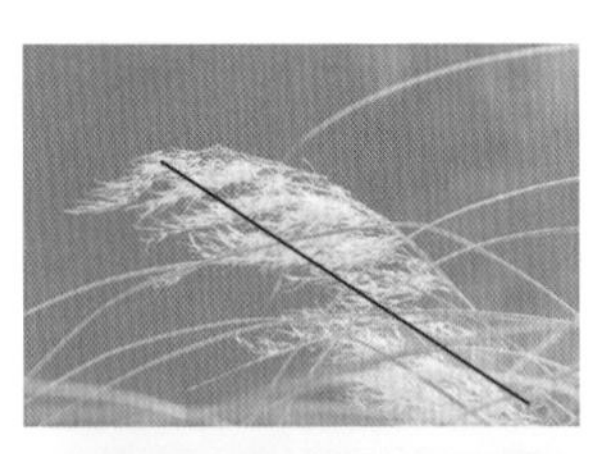

使用斜线构图拍摄被风吹动的草，为画面增添了动感

100mm ┆ f/8 ┆ 1/200s ┆ ISO 200

使用斜线构图拍摄建筑，使画面形成动感

100mm ┆ f/8 ┆ 1/200s ┆ ISO 200

用后期完善前期：通过裁剪工具裁剪出斜线构图

在人像摄影中，合理运用斜线构图，可以起到让画面更有动感、使人物变得更修长的作用。本例就来讲解其裁剪及其常见问题的修复方法。

详细操作步骤请扫描二维码查看。

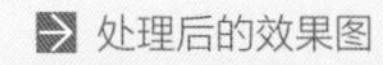

处理后的效果图

原始素材图

8.5　对角线构图

对角线构图是一种特殊的斜线构图法，它可以引导观者的视线，让画面看起来相对饱满。在拍摄人物过程中，利用对角线的构图方式可以使整个画面充满动感。

使用对角线构图法拍摄桥梁，使桥梁显得更高大

80mm ┆ f/7.1 ┆ 1/500s ┆ ISO 200

8.6　透视牵引线构图

能够使观者的视觉中心聚集在整个画面中的某个点或线上的构图方式，称为透视牵引构图。这种构图方式能使观者的视觉中心聚集在整个画面中的某个点或线上，形成一个视觉中心。

与放射线不同的是，这种构图方式没有一定的规律可循。它对视线具有引导的作用，而且增加了整个画面的空间感。

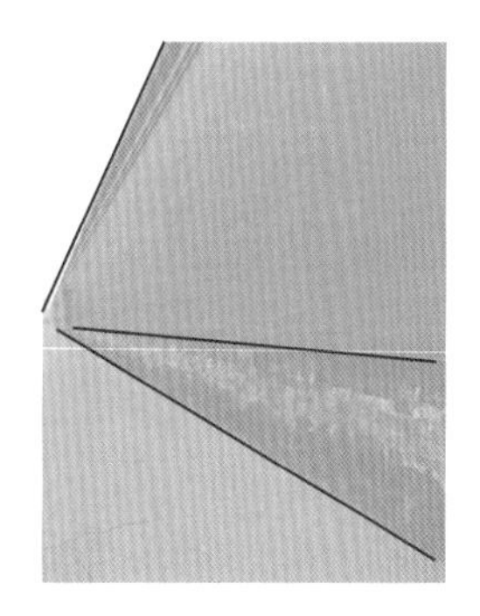

使用透视牵引线构图拍摄城墙，增加了画面的透视感和空间感

17mm ┆ f/4.5 ┆ 1/60s ┆ ISO 200

8.7 放射线构图

放射线构图是一般要经过对拍摄对象进行观察才能找到的构图，通过向上下左右延伸开来的形态，可以表现出舒展的开放性和力量感。例如阳光透过云层向下洒开来的这种构图，给人一种梦幻而神圣的感觉。

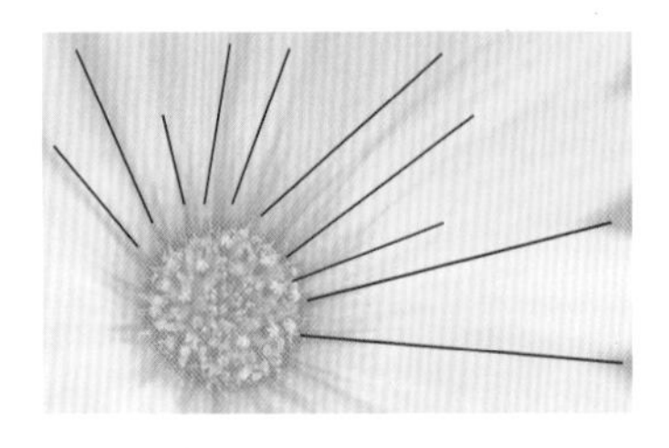

通过细致观察，发现花朵的放射线结构，使画面充满延伸感

60mm ┆ f/3.2 ┆ 1/80s ┆ ISO 100

8.8 S形曲线构图

S形曲线构图使主体呈现S形的弯曲状态，富有变化，显得很优美。使用S形曲线构图，视觉效果比直线生动。

使用S形曲线构图拍摄河流，为画面增添了形式美感

60mm ┆ f/3.2 ┆ 1/250s ┆ ISO 80

8.9 L形构图

L形构图就是画面中的构图元素呈现L形，使主体得到突出的构图方式。使用L形构图，画面中的构图元素不要太多，最好让画面留有一定的空间，这样才有利于突出主体，说明主题。

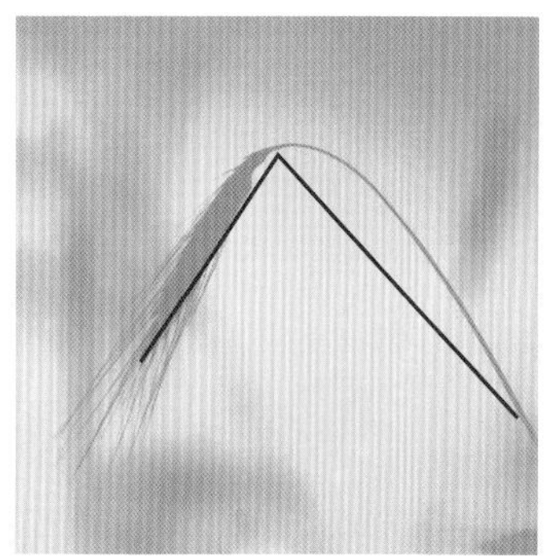

画面中的植物以L形出现在画面中，使主体突出

145mm ¦ f/4 ¦ 1/200s ¦ ISO 400

8.10 V形构图

V形构图是一种富有变化的构图方法。单个V字形的使用使画面增加不稳定的因素，让画面充满动感。

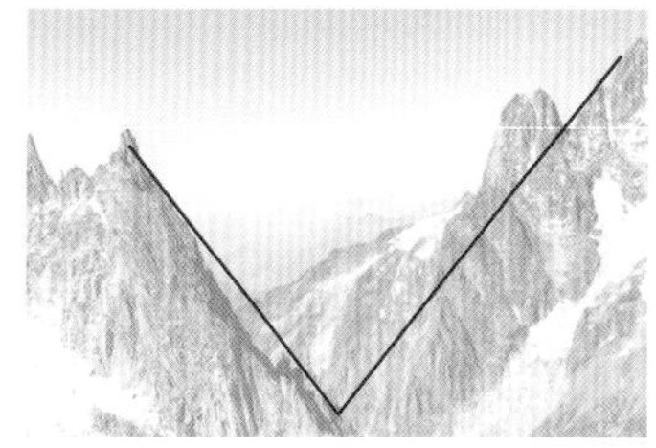

使用V形构图法拍摄高山，很好地突出了山体的险峻

145mm ¦ f/16 ¦ 1/400s ¦ ISO 200

8.11　圆形构图

圆形构图可以传达给观者一种完整、安定的视觉感受。生活中有很多圆形的景物，都可以用圆形构图来表现。圆形构图在表现完整的同时，也会让人觉得有些呆板。

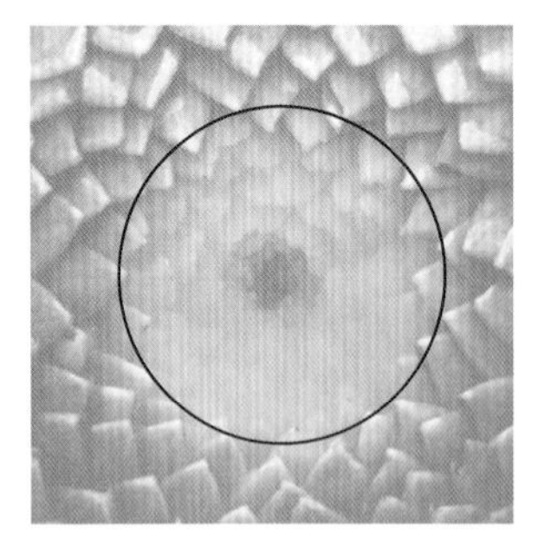

➔ 使用圆形构图法拍摄花朵，画面显得饱满、安定

105mm ┆ f/3.2 ┆ 1/250s ┆ ISO 400

8.12　框架式构图

框架式构图就是充分利用前景物体作为框架，框架可以是任何形状。这种构图方法能够使画面的景物层次更丰富，加强画面的空间感，更好地突出主题。在具体拍摄时，常常可以考虑用窗、门、树枝、阴影、手等来为被摄体制作“框架”。

窗式的框架式构图就是以窗式的景物作为画面的前景，让主体处于框架内的构图方式。这样的构图方式可以引导观者的视线集中到画面主体上。

不规则式边框构图就是前景的框式景物呈现不规则形状的构图方式，这种构图方式比窗式和格式构图多一些自由与动感，不显呆板。

➔ 使用框架式构图法拍摄，画面主体很突出

100mm ┆ f/6 ┆ 5s ┆ ISO 400

8.13 三角形构图

在几何学中我们知道，三角形是最稳定的结构，运用到摄影的构图中同样如此。三角形构图是指画面上的拍摄对象所呈现的形态类似于三角形，或者几个拍摄对象的关系正好组成一个三角形。并且有的画面里不只是能存在一个三角形，可以存在两三个或更多。利用好正三角形和倒三角形的组合，会得到既稳定又丰富的画面。

正三角型构图能营造出稳定的安全感，使画面呈现出一种向上的延伸感。三角形构图容易产生呆滞的感觉，所以摄影者要发挥其创造力，寻找情趣点。倒三角形是与正三角形构图正好相反的构图方式，有不稳定感，整体呈现一种压迫感、紧张感。

生活中常常能看到自然界中呈现许多大小不同的三角形的组合，比如山川、溪谷等都较为常见。这种构图呈现出热闹的动态视觉效果。

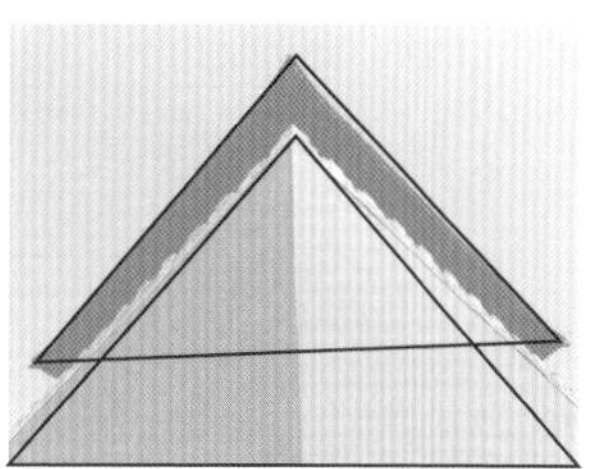

使用正三角形拍摄，营造一种稳定的感觉

150mm | f/11 | 1/250s | ISO 200

使用倒三角形拍摄，营造一种不稳定感和压迫感

155mm | f/11 | 1/200s | ISO 200

8.14 对称式构图

对称式构图是比较传统的一种构图方式，是指画面中的元素上下对称或左右对称。这种构图方式能使人产生严肃、庄重的感觉，同时在对比的过程中能更好地突出主体。但有时会略显呆板、不生动。

使用对称式构图法拍摄，使岸边的树木与水中的倒影相互辉映，使画面充满趣味性

10mm ┆ f/10 ┆ 1/200s ┆ ISO 400

8.15 中心构图

中心构图法给人一种安定感和集中力的视觉印象。在拍摄时，将拍摄对象置于画面的中心位置进行构图，就会得到视觉冲击力很强的照片。

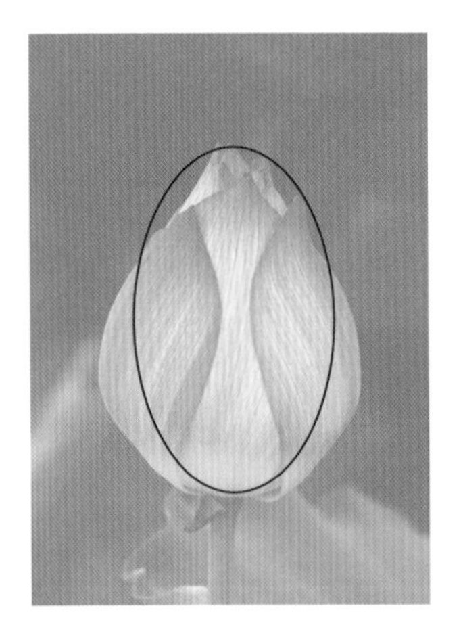

使用中心构图法拍摄，将荷花放置在画面的中心位置，充满整个画面，很好地突出了主体

200mm ┆ f/5.6 ┆ 1/200s ┆ ISO 800

8.16 散点式构图

整个画面上的景物很多，但是以疏密相间、杂而不乱的状态排列着，这样的构图方式叫作“散点式构图”。使用散点式构图，可以选择仰视和俯视两种拍摄视角，同时配合小光圈，这样所有的景物都能得到表现，不会出现半实半虚的情况。散点式构图是拍摄群体性动物或植物时常用的构图手法。画面中的景物一定要多而不乱，这样才能为画面带来秩序感。

画面中的亮点杂而不乱，为画面增添韵律感

28mm ┊ f/8 ┊ 1/40s ┊ ISO 400

画面中的主体一字排开，为画面增添韵律感

24mm ┊ f/4 ┊ 1/1000s ┊ ISO 100

8.17 紧凑式构图

紧凑式构图通常用来拍摄数量较多的被摄物，如瓜果蔬菜等。不留空白的画面会给人一种丰收充实的感觉。由于画面被塞得满满当当的，所以不会出现不稳定的问题。但是密密麻麻的物体容易造成视觉的紧张，拍摄时应注意从用光方面缓解这一弊端。

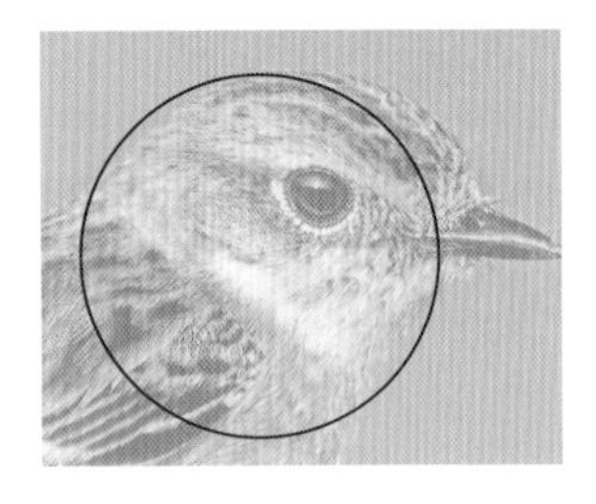

使用紧凑式构图法拍摄鸟的头部特写照片，带给观者很强的视觉冲击力

300mm ┊ f/3.2 ┊ 1/320s ┊ ISO 200

使用紧凑式构图法拍摄猫的头部特写照片，画面显得很稳定

180mm ┊ f/2.8 ┊ 1/250s ┊ ISO 200

8.18 构图中的画意控制

摄影与绘画同属于视觉艺术的范畴，因此许多艺术规律都是相通的，例如在摄影中可以依据绘画所提倡的疏与密的画意控制原则进行创作。一幅画面中疏中有密、密中有疏、疏密得当，才能形成节奏。正如国画中所讲到的“疏可走马，密不透风”，这样才能给人以美感。

所以，在进行摄影构图时，需要将某些元素集中起来形成“密”，将另一些元素分散开形成“疏”。

疏可走马

只有“密”而没有“疏”，画面就会显得“挤”，所以，在进行摄影构图时，需要把握“疏可走马”的原则，将画面中的元素疏散地进行排列，使画面中留有一定的空白，可以使画面产生灵动的意境。

简洁的画面中，摄影师利用大面积的湖面、天空为留白，将观者的视线集中在远处城市建筑的剪影上

25mm ┆ f/13 ┆ 1/10s ┆ ISO 160

密不透风

只有“疏”而没有“密”，画面就会显得“散”，这就要借鉴国画中“密不透风”的法则。当然，画面密不透风，并不是真正的密不透风。在画面中，要注意各构成元素之间的对比，如虚实对比、动静对比等，使画面形成一定的节奏感。

画面中密密麻麻的花朵铺满画面，没有一丝空隙，大光圈将背景进行虚化，强调了画面的空间感，利用虚实对比的手法分出了画面的主次，整个画面给人一种非常热烈的感觉

100mm ┆ f/3.2 ┆ 1/320s ┆ ISO 400

画中有画

在某些时候，可以利用构图元素组合出一幅“人在画中，画中有画”的画面，制造出一种环环相扣、螳螂捕蝉黄雀在后的感觉。例如，拍摄一个正在景区写生的少年，画板中的画面不仅与整个场景相互呼应，而且有画中还会产生画的巧妙感觉。

似有还无

这种意境的画面比较奇特，各个组成元素以其独特的表现形式出现在画面中，形成似有还无、虚虚实实的感觉，通常，可以用影子完成创作。这种效果同样能够引发观者对于画面外部的猜想，增强照片的趣味性。

透过车窗，拍摄一位正在望向远方的少女，其若有所思的神情引起观者的好奇心，引人深思

200mm ┊ f/3.5 ┊ 1/500s ┊ ISO 200

画面中表现了荷花的水中倒影，仿佛水面稍有波动，荷花就荡然无存，画面给人一种若有若无的梦幻感

90mm ┊ f/8 ┊ 1/100s ┊ ISO 100

8.19 另类构图

错视构图

错视构图是指通过巧妙设置拍摄点，使前景中的景物与背景中的景物在拍摄后，合成在一个平面中，得到或新奇或幽默的图像效果。例如，在婚礼摄影中，常常能够见到下面的摄影作品，新郎以半跪姿势，手里捧着一枚太阳，献给美丽的新娘，这正是因为在拍摄时通过角度的调整，将太阳的位置与人物手掌的位置重叠，从而形成了“献宝”的画面。

利用近大远小的手法，巧妙地将人物的动作与背景中的太阳相结合，形成错视构图，画面非常具有趣味性

150mm | f/8 | 1/500s | ISO 100

变形构图

所谓变形构图，是指画面中的元素通过特定的光线、特殊的拍摄角度等方式，表现出基于原物的变形形态，让拍摄对象表现出与常态不同的外貌形态等，使画面获得奇特、新鲜的视觉效果，给观者以另类的视觉感受。

利用广角镜头的透视性能，使孩子的双脚与其身体形成夸张的效果，画面非常具有视觉冲击力

12mm | f/11 | 1/250s | ISO 640

抽象构图

抽象构图的关键是使画面没有特定的形态，以一栋房子为例，其形态已经完全固定，因此很难将其线条进行抽象化处理。

相对而言，像水这样形态比较随意的物体，更适合进行抽象构图表现，其中比较常见的是利用倒影与反射。

玻璃与水滴形成了富有韵律的点，结合大光圈进行拍摄，将背景模糊虚化成朦胧的色块，晶莹的水珠则使画面更加抽象、迷幻，如同一幅抽象画作

50mm ┊ f/1.4 ┊ 1/100s ┊ ISO 100

天鹅游过水面形成波纹，扭曲了水面上的建筑倒影，给人以似真似假的视觉效果

230mm ┊ f/5.6 ┊ 1/320s ┊ ISO 200

8.20 再次改变构图

认识再构图

再构图不是指实际拍摄时的二次构图，本章节所讲的再构图是指在拍摄完成后，再利用后期处理软件进行处理，主要是利用裁切工具来达到所希望的构图效果。

进行再构图的客观原因

一名优秀的摄影者应具有对构图严谨把握的能力，但很多照片在拍摄后，都会发现其构图、比例或尺寸很难符合摄影者的初衷，因此绝大多数照片都需要进行裁切。

摄影再构图具体的客观原因主要有两条。一是取景距离的原因，当无法靠近被拍摄对象，或所处的位置在拍摄时不理想时，往往会导致拍摄出来的照片陪体过多、过杂，主体不显著、不突出，因此需要再构图。

二是拍摄时间的原因，摄影是一门瞬间艺术，许多精彩瞬间十分短暂，稍纵即逝，此时绝大多数摄影者无法顾及摄影构图，只求能够将这一精彩瞬间清晰地记录下来，因此必然会将大量不必要的景物摄进画面，从而影响画面的效果。综合以上两个因素，可以看出摄影再构图是必然的，不是可有可无的工序，而是一个明文规范。

拍摄蝴蝶时，由于其动作非常快，稍不留神就会错过精彩瞬间。拍摄时可以先拍摄、后构图，通过再构图在后期细细地调整构图，以保证捕捉到最精彩的瞬间

200mm ¦ f/4 ¦ 1/250s ¦ ISO 400

数码摄影与再构图的必然关系

在数码摄影时代，摄影的底片成本基本被降低为零，这就导致许多摄影爱好者随见随拍，这样拍摄出来的照片有很大一部分不存在审美价值。但也不能全盘否定，有一些照片经过裁切后就能够成为一张佳片。因此如果在数码摄影时代，不能够掌握裁切再构图的手法，就会损失大量出好片的机会。

此外，由于许多数码相机的有效像素量达到了2000万左右，因此当摄影师以全尺寸文件格式拍摄并保存照片时，即使将这样的照片在再构图时裁切了一半，整个照片的像素量也能够达到1000万左右，这样的像素也足已应付绝大多数应用场合。

改进画幅的格式和宽高比例

一张横画幅的照片，只要够大，就能够被裁切成竖画幅的画面，反之亦然。如果构图需要，甚至还可以裁切为方画幅。但值得注意的是，除了像素够大以外，画面内容也需要留有余地，越宽广、画面内容越多的画面，裁切余地也就越大。

横画幅拍摄以车流为主的夜景，画面右侧的景物较多，有些影响主体的表现

17mm ¦ f/16 ¦ 8s ¦ ISO 100

通过再次构图，将横画幅改为竖画幅，减少了周边建筑，重点突出了S形曲线构图的车流

精益求精找到更完美的画面

俗话说“有比较才能看到差距”，一幅看起来还算不错的作品，实际上还可以从中找出更精髓的画面。因此建议摄影爱好者不要停滞不前，应不断比较，不断推陈出新，利用减法中的奥妙精益求精，得到更完美的作品。

原始拍摄

这幅作品使用中心式构图，画面简洁，主体表现不错，不过其在画面中的体积较小，视觉冲击感不强

200mm | f/3.2 | 1/500s | ISO 160

再构图后

通过后期调整，并适当旋转照片，使蝴蝶看起来更具动感效果，裁切部分背景，并将蝴蝶放大安排在画面左侧，在右侧留白，不仅更好地突出了主体，还为其留出了运动空间

裁割画面中的多余和杂乱之物

由于摄影者在取景构图时受到拍摄距离、摄影镜头等条件限制，而使画面出现了多余的天空、地面和树枝等元素，可以通过再构图截去。

画面主体为天空中放射的云彩，前景暗色礁石的纳入，多少有些喧宾夺主，导致画面较杂乱

17mm | f/14 | 1/800s | ISO 100

通过将前景裁切，主体放大，云彩在画面中显得更大，得到更突出的表现

再构图重置画面兴趣点

当拍摄的画面有两个甚至多个主体时，或画面中的因素过多、主体不明显时，观者的视线会因主体不明而游离不定。此时可以通过再构图的方式，重新选出一个主体，使观赏者对主体一目了然，从而加深观赏者对画面的印象。

当画面是大景深且没有固定的主体，而照片质量又非常高时，也可使用这种方法从中选择一个主体来进行表现。

画面中纳入了三只小羊羔，观者的视线在画面中来回流动，无法确定画面主体

通过再构图，选取右侧两只神态表现较好的小羊，观者对画面主体一目了然，印象深刻

300mm | f/6.3 | 1/320s | ISO 400

第9章

光影构图技巧

9.1 光线与构图的关系

人类的眼睛容易被风景的颜色和线条所吸引，但是在摄影中照片则是通过对光的明暗与色彩来给人以强烈印象。阳光所产生的光影、色彩如同构图中的形状、线条一样，是决定构图的重要因素之一。

因此如果摄影师能够在画面整体的明暗之间找到平衡点，并融入色彩因素，那么照片就可以更加栩栩如生。

将太阳加入画面，阳光使画面光影变得丰富，同时在构图方面，还起到了趣味点的作用

18mm ¦ f/22 ¦ 1/15s ¦ ISO 800

位于逆光位置借助低斜的光照进行拍摄，天边变化莫测的厚重乌云透出缕缕光线，照射在前方的水面和小船上，形成漂亮且独具意境的画面

15mm ¦ f/16 ¦ 1/100s ¦ ISO 400

9.2　光线的反射类型

直射光

在晴朗的天气里，阳光没有经过任何遮挡直接照射到被摄体，被摄体受光的一面会产生明亮的影调，而不直接受光的一面就会产生明显的阴影，这种光线叫做“直射光”。

所谓的硬光一般就是指直射光，硬光光质较硬，有明显的方向性，可以使被摄对象产生比较强烈的受光面、背光面和投影关系。

直射光加大了受光面和背光面之间的反差，形成强烈的明暗对比关系，突出了拍摄对象清晰的轮廓形态，是表现拍摄对象立体感的有效光线。

在直射光下拍摄人像，通常会用反光板为暗部补光，这样拍出来的，画面效果会更自然。

直射光线下，画面中形成了强烈的对比，给人一种意境深远的感觉

110mm | f/7.1 | 1/10s | ISO 100

散射光

当阳光被云层或者其他物体遮挡，不能直接照射被摄体，只能通过中间介质照射到被摄体上，光产生了散射作用，这类光线叫做“散射光”。软光一般就是指散射光，软光光质柔和，软光照明的对象没有明显的受光面、背光面和投影关系，在视觉上明暗反差小，影调平和。

散射光缺乏明暗关系，影像平淡，对拍摄对象的立体感和粗糙质感的表现比较弱。但散射光照明的画面层次比较丰富、细腻，色彩的饱和度较低。

散射光下，画面整体的光比较小，影调柔和

75mm | f/4 | 1/125s | ISO 100

9.3　光比

大光比

光比即是指画面中光线最强和最弱部分的比值，大光比即画面中光线最强与最弱部分的差别较大，画面中高光部位与阴影部位亮度差异大，从亮到暗的层次变化明显，这样的画面通常较易吸引观者的注意，并给人以硬朗、强烈的视觉感受。

但同时，过高的明暗对比往往会使画面亮部与暗部的细节无法获得很好的表现，而如果光比超出了感光元件的宽容度，被摄体的许多质感细节和色彩层次都会受到很大的损失。

借助水面的反光，并针对其亮部亮度的均匀处进行测光拍摄，获得大光比效果的画面

35mm ¦ f/8 ¦ 1/125s ¦ ISO 100

在乌云遮日时进行拍摄，从而获得大光比的画面效果

105mm ¦ f/11 ¦ 1/60s ¦ ISO 100

小光比

小光比即画面中光线最强与最弱部分的差别较小，画面中高光部位与阴影部位亮度差异小，从亮到暗的层次变化较为丰富、细腻。

这样的画面效果通常有着丰富质感细节、色彩层次的呈现，整体画面影调较为柔和，常给人以柔美、恬静的视觉感受。

同时，过低的画面明暗对比会使画面表现得过于平板，缺少生气，也会影响被摄体的立体感和力度感的呈现，影调会显现得较为平淡。这种影调更适于表现被摄体“柔”的一面。

小光比的画面影调将人物的女性气质呈现得柔和、甜美

35mm ¦ f/8 ¦ 1/125s ¦ ISO 100

用后期完善前期：修复影调平淡色调灰暗的荒野照片

光线是摄影的灵魂，好的光线可以赋予画面更生动的表现力，相应的，若光线不好，画面的表现也会受到极大的影响，例如在“假阴天”的天气下，环境中的光线会显得灰暗，色彩上也会显得非常平淡。

本例主要是在Adobe Camera Raw中进行调整，除了基本的曝光与白平衡等参数外，还使用了调整画笔工具和径向渐变工具等。此外，本例还存在多余的人物，因此最后要转至Photoshop中进行修除人物等最终的润饰处理。

详细操作步骤请扫描二维码查看。

原始素材图

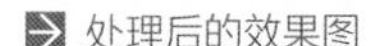

处理后的效果图

9.4 光线的方向

顺光

顺光即投射方向与镜头光轴方向一致的光线。由于使用顺光拍摄的曝光控制最容易掌握，成功率也高，所以是最常用的光线照射条件。

顺光条件下，被摄对象的正面受到了均匀的照明，因而没有投影，整体画面没有明显的明暗反差变化。影调柔和，适合表现细腻的质感，但不利于表现主体的立体感、空间感及空气透视效果等，画面中的影调结构大多只能依靠对象本身和环境的固有影调来体现。

顺光光线下猫咪的绒毛获得了较为细腻的呈现，同时还获得了较好的眼神光

85mm ┆ f/4 ┆ 1/125s ┆ ISO 200

侧光

侧光即光线投射方向与镜头光轴方向呈水平90° 左右的光线。侧光光照下景物形成的影调较为强烈，通常可以获得较为丰富、生动且空间感较好的画面效果，同时还能够很好地表现出被摄对象的立体感。

在光线较暗的夜晚对人物进行侧面打光拍摄，使其获得了较好的立体感

100mm ┆ f/3.5 ┆ 1/250s ┆ ISO 100

斜侧光

斜侧光即光线投射方向与镜头光轴方向呈水平45°左右的光线。

斜侧光照射之下的被摄对象整体影调较为明亮，但相对顺光光线照射的亮度较弱，被摄对象部分受光，且有少量投影，对于其立体感的呈现较为有利，有利于使拍摄对象形成较好的明暗关系，并能较好地表现出其表面结构和纹理质感。

斜侧光下的人物大面积受光，整体显现得较为明亮，同时少量的阴影又使其获得了较好的立体感

90mm | f/5.6 | 1/250s | ISO 100

逆光

逆光即光线投射方向与镜头光轴方向相对，来自拍摄对象后方的光线。逆光光线拍摄与顺光光线拍摄完全相反，逆光拍摄的画面具有大面积的阴影区，故整体影调偏暗，且被摄景象能够在画面中呈现出明显的明暗关系，特别适合于表现拍摄对象的轮廓形态。

对较亮处测光呈半剪影效果

在逆光光线下进行拍摄，将测光模式设置为点测光模式并针对天空周围亮度均匀的区域进行测光以获得曝光数值，使被摄对象在画面中呈现依稀可见的半剪影效果。

整体呈低影调画面，光比较大，前景处的人物呈现剪影状，画面意蕴浓厚

35mm | f/16 | 1/60s | ISO 320

对较暗处测光突出轮廓光线效果

逆光光线下，将相机的测光模式设置为点测光模式并针对画面中较暗区域进行测光，从而使暗部获得充分曝光的同时，较亮的区域微微曝光过度，最终获得明亮的轮廓光效果。

针对暗部进行测光拍摄，从而使通过逆光照射的小猴获得了闪闪发亮的外形轮廓，为画面带来更多的光影奇幻效果

105mm ¦ f/5.6 ¦ 1/640s ¦ ISO 100

对最亮处测光成全黑剪影

逆光光线下，将相机设置为点测光模式，并针对被摄景象中最亮的光源处进行测光拍摄，从而使光源处获得正常曝光，其细节被较好地还原。而前景处逆光光线下较暗的主体则用曝光不足呈全黑剪影状，细节完全被忽略，但其形体在画面中却得到了突出强化。

针对天边最亮的夕阳进行测光拍摄，使前景中的人物呈深暗剪影，增强了画面气氛，加强了画面的艺术表现力

90mm ¦ f/5.6 ¦ 1/250s ¦ ISO 100

用后期完善前期：校正逆光拍摄导致的人物曝光不足

在本例中，主要是使用使用“色阶”调整图层对照片的中间调区域进行初步提亮，然后再结合“亮度/对比度”“曲线”“色彩平衡”“自然饱和度”等调整对画面的对比度与色彩进行美化即可。要注意的是，在提高人像照片整体的饱和度时，应对皮肤进行适当的恢复处理，使其饱和度不要过高，从而显得白皙。

详细操作步骤请扫描二维码查看。

原始素材图（左）

处理后的效果图（右）

侧逆光

侧逆光即光线投射方向与镜头光轴方向呈水平135°左右的光线。

由于侧逆光无需直视光源，摄影者可以更加轻松地避免眩光的出现。同时，曝光控制也容易一些，侧逆光照明产生的投影形态是画面构图的重要视觉元素之一。

投影的长短既可以表现时间概念，还可以强化空间立体感并均衡画面。

在其光线照射之下，景象往往会形成偏暗的影调效果，多适合于强调被摄体的外部轮廓形态，同时也是表现立体感的理想光线。

搭配背景的明暗变化，侧逆光使人物的形体在画面中获得了突出、强化

75mm ¦ f/8 ¦ 1/250s ¦ ISO 100

顶光

顶光即光线来自拍摄对象正上方与视平线呈90° 左右的光线。

顶光能够使拍摄对象的投影垂直在下方，有利于突出拍摄对象的顶部形态。在自然界中，亮度适宜的顶光可以为画面带来饱和的色彩、均匀的光影分布及丰富的画面细节。

在人像摄影中，顶光能够使人物的眼窝、鼻下等部位产生浓重的阴影，从而在一定程度上增加整体画面的立体感，同时增强人物的神秘气质。

↑ 灯光光线下人物的眉骨、眼睛等处形成了浓重的阴影，在一定程度上加强其神秘感

50mm ┊ f/8 ┊ 1/125s ┊ ISO 320

9.5 光影构图技巧

用光影划分明暗形成节奏

在光线较为强烈的条件下物体往往会呈现出较为明显、浓重的阴影，摄影者可以利用这些所形成的黑、白、灰关系构成具有节奏感的画面效果。

个 侧面方向的光线照射在整齐排列的墙柱上，形成了强烈的对比，浓重的背光面与有着渐变效果的投影共同构成了具有韵律感的画面效果

35mm ┆ f/11 ┆ 1/100s ┆ ISO 100

利用明暗形成视觉焦点

摄影者还可以利用室外自然光线或室内照明光线进行拍摄，拍摄时可以针对被摄景象中的较亮区域进行测光。

在将亮部很好还原的基础之上，使较暗区域在画面中呈深暗的半剪影或剪影状，获得大光比画面，增加其视觉吸引力，并利用这种明暗对比的关系将观者视线有效地锁定于其之上，使之成为画面的视觉焦点。

个 结合现场光线并针对被摄景象中较亮区域测光拍摄，使前景处较为深暗的树林呈深暗的剪影效果，以获得框架式构图，将观者视线集中于其上

50mm ┆ f/9 ┆ 1/640s ┆ ISO 200

利用光线使画面有形式美感

想要获得缕缕光线投射过树枝照射的画面效果，摄影者在拍摄时间的选择上最好选择在清晨或傍晚阳光较为低斜时进行拍摄。

较低斜的光线照射在稠密的树木上，透出长长的光线，其光亮透过树枝干的间隙直射入镜头中，增加了画面的意境与形式美感，使画面更易打动观者。

个 强烈的光线透过稠密的枝丫照射而来，增强画面气氛的同时，使画面更具形式美感

35mm ┆ f/16 ┆ 1/125s ┆ ISO 100

剪影

亮不能亮成一片，暗不能暗成一面

在剪影效果的运用中要注意到大面积曝光过度与曝光不足所带来的死白、死黑区域，因为这样会损失画面对于景象细节、层次的呈现，使整体质量下降，还会显得过于乏味和沉闷。

要明暗协调，相互分割

为了避免画面过于乏味和沉闷，摄影者可以选择相互交错的明暗部分进行拍摄，以获得亮中有暗、暗中有亮的画面效果。但要注意适度把握，因为过于散乱的明暗区域会导致画面显得过于杂乱。

照片中前景处的礁石与后面的礁石重叠了，而形成大片的剪影效果，使得画面视觉效果不佳

20mm ┆ f/13 ┆ 1/1250s ┆ ISO 320

结合具有强反光效果的水面，对地面的昏暗区域进行分割，从而获得影调匀称的画面效果

35mm ┆ f/16 ┆ 1/125s ┆ ISO 100

投影

放射线

当光源主要集中于一点照射时，景象多会产生出向两侧放射开去的投影，由近及远会呈现出由细到粗、由实到虚的放射状变换。将其纳入画面进行拍摄时可以获得放射效果的构图，使画面具有平面装饰性的同时，还能获得具有视觉张力的画面效果。

利用光线的照射所形成的投影进行拍摄，获得了低色温的放射状画面，在影调和构成上独具美感

35mm ┆ f/8 ┆ 1/250s ┆ ISO 100

将投影作为主体表现

将投影作为画面主体进行刻画时，往往需要选择在较为简洁的背景下进行拍摄，以避免其他物体投射所带来的干扰，使投影更加突出。将投影作为主体的画面多适于强调其主体动态、形体，并获得具有装饰美感的画面效果。

↑ 画面中拍摄了映射在墙壁上的人物投影，使画面独具韵味

35mm ┆ f/8 ┆ 1/250s ┆ ISO 100

与自身形成对称

仔细观察后不难发现，很多事物本身与其所产生的投影会构成较具形式美感的对称形式，不仅可以使画面获得对称所带来的均衡感、稳定感，还可以给观者带来观看的趣味性。

↑ 将一根根栏杆与之形成的投影一同纳入画面，获得具有韵律感的画面效果

35mm ┆ f/8 ┆ 1/250s ┆ ISO 100

第10章

色彩构图技巧

10.1　色彩的基本知识

色相 | 色彩的模样	色相也叫“色别”，即不同色彩的相貌，如红、绿、蓝、青、品、黄等。而这些色彩之间通过相互混合，还能产生一系列其他色彩，如橙黄、蓝绿、黄绿、青紫、红紫等。在艺术实践中，对色彩色别的认识和了解是至关重要的，只有能够具体识别各种不同的色彩，才能准确地认识这些色彩，进而使其在作品中发挥重要作用。而如果不了解各种色彩间的区别，对色彩的认识是笼统的、肤浅的、抽象的，自然谈不上准确地再现它们。所以，培养认识色别的能力是准确地鉴别色彩和表达色彩的关键。
明度 | 色彩的亮度	明度是指色彩的明暗、深浅程度，其包括两层含义： 第一，不同色相之间的明度差别，即各种纯正的色彩相互比较所产生的明暗差别。在红、橙、黄、绿、青、蓝、紫这7种纯正的光谱色中，黄色明度最高，显现得最亮；橙和绿次之；紫色的明度最低，显现得最暗。 第二，相同色相间的明度差别，即同一种色彩受强弱不同光线的照射所产生的明暗变化。例如一片绿树，受到阳光直接照射的亮面呈现较明快的浅绿，未被阳光照射的阴影面呈现较深暗的绿色，这两种绿色的明度就有所不同，这是同一种色彩因受光情况不同而产生的明度上的变化。故一种色彩当受强光照射时，其色彩会变淡、明度会相应提高；而一种色彩受光很少，处在阴影中时，其色彩会变深、明度会相应降低。 对色彩明度的了解，在彩色摄影中有很重要的意义和实用价值。其可以便于我们在拍摄高调或低调彩色照片时恰当地运用色彩，也帮助我们进一步明确被摄体的明暗关系，区分各种色彩的明暗变化。例如，拍摄彩色高调的画面时，可以选择明度高的色彩，而拍摄低调画面时，则可以选择明度低的色彩。
饱和度 | 色彩的鲜艳程度	饱和度即色彩的纯度，以阳光的光谱色为标准，越接近光谱色，色彩的饱和度就越高，如果一种色彩中掺杂了别的颜色，或添加了如黑或白，其饱和度便会降低。 饱和度越高，色彩越显眼，越能发挥其色彩固有特性。当色彩的饱和度降低时，其固有特性也会随之被削弱和发生变化。例如，红和绿配置在一起，往往具有一种对比效果，当红色和绿色都呈现出饱和状时，其对比效果才能最强烈。倘若红色和绿色的饱和度都降低，红色变成浅红或暗红，绿色变成淡绿或深绿，再将其配置在一起，相互对比的关系则被减弱，而趋向于和谐。 饱和度与明度不能混淆，明度高的色彩饱和度不一定高，例如浅黄明度较高，但其饱和度比纯黄低。色彩较暗的色彩（即低明度），其饱和度并不一定低。如暗红色其明度较低，但其饱和度并不一定低。 在摄影中，颜色受到强光的照射时，明度提高，饱和度降低；颜色受光照不足或处在阴影中时，其明度降低，饱和度也降低。

在蓝色天空和水面的映衬下，紫色的云彩及其倒影更显妖娆

12mm ┆ f/10 ┆ 1/10s ┆ ISO 200

10.2 色彩的性格

红	红色是类似于新鲜血液的颜色，是三原色之一。红色代表热情、奔放、欢快、前进等，红色是比较热烈的感情色彩。不论在电影中，还是日常生活中，红色是多数人所钟爱的色彩。红色常常给人一种强烈的视觉冲击力，而这种颜色大多数是通过实实在在被摄体的颜色、某种特效灯光或者是自然光线照射形成的。	
橙	橙色是介于红色和黄色之间的混合色，又称橘黄色或桔色。在自然界中，鲜花、果实、霞光等都有着丰富的橙色。因其具有明亮、华丽、健康、兴奋、温暖、欢乐、辉煌等感情色彩，橙色是暖色系中最温暖的颜色，因此较易触动人。	
黄	黄色是一种明度极高的色彩，在众多的色彩中，其最为明亮，所以很多时候黄色被作为警告色使用。黄色有着天真、浪漫、娇嫩等感情色彩，同时黄色明快、活跃的视觉感受也会产生生机勃勃的效果。	
绿	绿色是自然界中常见的颜色，是在光谱中介于蓝与黄之间的颜色。绿色是光的三基色之一。绿色代表着活力与生机。提到绿色，人们总会想到绿叶、绿草等具有旺盛生命力的事物。在摄影作品中，绿叶多被当做红花的陪衬体，或作为背景出现。其实，当绿色物体被单独表现时，它会在观者眼前展示出另一种独特的美感与生机。	
青	青色是在可见光谱中介于绿色和蓝色之间的颜色。青色有着清脆而不张扬，伶俐而不圆滑的特性。“青色”在文字描述上常无法确切表达肉眼所见的效果，如果一种颜色让你分不清是蓝色还是绿色，那就是青色了，因为青色就是介于蓝色与绿色之间的颜色。	

颜色	说明	示例
蓝	蓝色是永恒的象征，蓝色非常纯净，通常让人联想到海洋、天空、水、宇宙等。纯净的蓝色表现出一种美丽、冷静、理智、安详与广阔。由于蓝色沉稳的特性，具有理智、准确的意象，另外蓝色也代表着忧郁的气质，给画面增添宁静的感觉。	
紫	紫色是由温暖的红色和冷静的蓝色结合而成的，是极佳的刺激色。在我国传统文化里，紫色是尊贵的颜色，例如北京故宫又称为“紫禁城”，亦有所谓“紫气东来”一说。同时高贵的紫色还带有一种忧郁、神秘、优雅等感受。	

10.3 色彩的格调

五彩缤纷

在拍摄五彩缤纷的画面时，为了避免色彩众多而造成的杂乱感，画面中要有一个主要的色调倾向或某种颜色在面积上占绝对地位。

冬日里低色温的橘黄色光线照射在挂满雪花的树林中，将其染上一片暖色，而接近地面的部分则呈现出高色温的冷蓝色影调，使画面获得了较好的冷暖对比效果

35mm | f/11 | 1/100s | ISO 200

画面中，红色占据了绝对地位，在其大基调之下掺杂着少量的蓝绿色

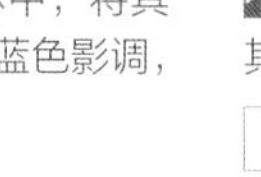

75mm | f/4 | 1/250s | ISO 100

清新淡雅

往往同等色彩中明度较高的色彩会呈现出清新、淡雅的感受，而同一种色彩呈高明度时，其色彩饱和度则相应较低。另外，摄影师还可以通过在拍摄时适当增加一两挡的曝光补偿来提高画面色彩明度、降低色彩饱和度，最终获得理想的画面效果。

高影调画面中的色彩显现得极其淡雅、清新

85mm ┆ f/3.5 ┆ 1/125s ┆ ISO 100

明度较高的黄色花蕊搭配饱和度较低的绿色背景使画面倍显雅致

105mm ┆ f/2.8 ┆ 1/250s ┆ ISO 100

用后期完善前期：日系清新美女色调

本例制作的日系清新色调效果，较适合以绿色或其它较为自然清新的色彩为主的照片，且照片的对比度不宜过高，色彩也不必过于浓郁。在调整过程中，要注意将人物皮肤的暖调色彩恢复出来，避免产生怪异、不自然的皮肤效果。

详细操作步骤请扫描二维码查看。

原始素材图

处理后的效果图

黑白韵味

摄影者可以尝试用低彩度甚至无色彩倾向的黑和白作为画面主要色彩构成以获得如同国画的水墨意蕴一般的画面效果。黑中有白、白中有黑、黑白相间，使画面具有浓厚的韵味。

将较大面积的雪地作为画面的背景，将一只白底深褐色斑点的飞鸟作为主体，画面低彩度但却韵味十足

95mm ¦ f/3.5 ¦ 1/640s ¦ ISO 100

昏暗的林子挂着些许白雪成为画面的大基调，黑白相间、黑中有白、白中有黑。几匹马匹零星散落在前景中，营造出一种国画般的水墨意境

35mm ¦ f/16 ¦ 1/250s ¦ ISO 200

用后期完善前期：制作富于层次感的黑白照片

在本例中，主要是使用“黑白”调整图层进行处理，它提供了对不同色彩进行明暗调整的功能，从而实现分色调整的目的。要注意的是，对本例来说，由于光比很大，因此仅使用“黑白”调整图层无法将各部分的明暗完全调整好，因此还要借助“曲线”调整图层和图层蒙版等功能进行分区处理。

详细操作步骤请扫描二维码查看。

原始素材图

处理后的效果图

10.4 色彩的冷暖

冷色调

在色环中，蓝、绿一边的颜色称为“冷色”，它使人们联想到蓝天、海洋、月夜、冰雪等，给人以一种阴凉、宁静、深远的感觉。即使在炎热的夏天，人们在冷色环境中也会感觉到清凉、舒适。

整体偏蓝紫色的画面呈冷色调效果，使低头专心思索的人物更显沉静

85mm ┆ f/16 ┆ 1/100s ┆ ISO 100

大面积的蓝色天空搭配深暗的墨绿，鲜亮的黄绿地面景象使画面整体呈现冷色调效果，使景象显现得更加清新、淡雅

35mm ┆ f/16 ┆ 1/250s ┆ ISO 100

用后期完善前期：浪漫蓝紫色调

在本例中，首先将“蓝”通道填充为白色，从而改变照片的整体色调，然后再结合“曲线”调整图层、“高斯模糊”滤镜及混合模式与不透明度等功能，调整照片的曝光并为其增加柔光效果，以增强其柔美的视觉效果。

详细操作步骤请扫描二维码查看。

原始素材图

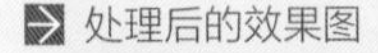

处理后的效果图

暖色调

在色环中，红、橙一边的颜色称为“暖色”，带给人温馨、和谐、温暖等感觉。另外，由于暖色常常会使人联想到太阳、火焰、热血等，因此给人们一种热烈、活跃的感觉。

借助午后逆向照射而来的暖色光线，为前景中的人物勾勒出一圈暖色的明亮轮廓，为整体的暖色影调增添了更多的美

75mm ¦ f/4 ¦ 1/250s ¦ ISO 100

夕阳西下，画面中的天空和水面均被染上了一层炙热的暖色影调，从而获得了低色温的暖色画面效果，而剪影效果的手法处理使画面更具艺术感染力

105mm ¦ f/11 ¦ 1/250s ¦ ISO 200

用后期完善前期：时尚橙红色调

在本例中，首先使用磁性套索工具选中人物，然后以该选区为基础，结合调整图层功能，对背景和整体的亮度及色彩进行美化。此时，人物受此调整也会发生较大的变化，要注意人物与周围环境的协调性，并对细节进行适当的恢复与润饰处理。

详细操作步骤请扫描二维码查看。

原始素材图

处理后的效果图

利用光线与白平衡形成画面冷、暖调

由于不同色温光源会呈现出不同色调，为了能让数码相机拍摄出的照片色彩与人眼看到的基本一样，就需要通过调整“白平衡”来纠正还原画面。白平衡的作用是让相机对拍摄环境中不同光线和色温所造成的色偏进行修正。例如，钨丝灯和荧光灯的光线颜色不一样，日出和正午时分的光线颜色也会不一样。

另外，在实际光源色彩无法改变并与摄影师想要获得的画面色调不一致的情况下，也可以通过使用相机白平衡设置来获得具有创意效果的画面冷、暖调，例如，阴天白平衡模式其色温值一般是6000～7000K，使用此白平衡模式在进行拍摄时可以获得偏暖色调的画面效果。

光 源 种 类	色温（K）
阴天	6000左右
荧光灯	3200左右
日光	5500左右
闪光灯	6000左右
碘钨灯	3000左右

各种光源的色温值

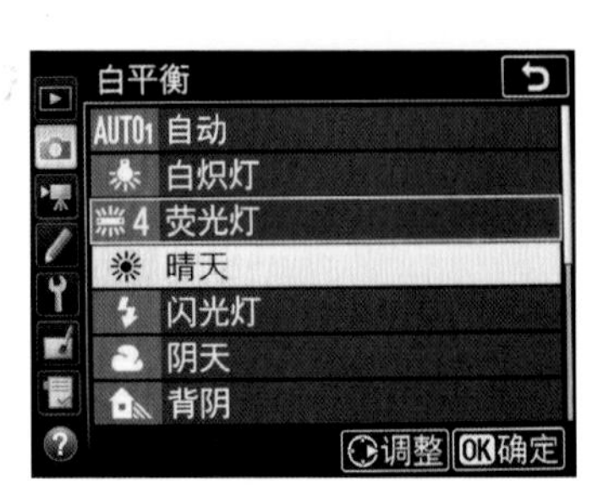

数码相机上的“白平衡”菜单

用后期完善前期：通过调整色温、曝光及色彩制作极暖的唯美画面

要拍摄极暖的画面，往往是设置“阴影”白平衡或手动设置较大的“色温”数值。但有些时候，由于环境中冷调色彩过多，相机内置的最大色温值也无法得到极暖的色彩效果，此时就可以尝试在Camera Raw中进行调整，它可以实现比相机更大的“色温”数值，从而获得更强烈的暖调色彩效果。

详细操作步骤请扫描二维码查看。

原始素材图

处理后的效果图

利用彩色滤镜形成画面冷、暖调

使用彩色滤光镜可以使画面偏重于某种颜色，它会对光线进行过滤，使某种色彩成为画面的主体色调，从而获得摄影者想要的视觉色彩效果。通常，彩色滤镜的颜色最好不要与景物的色彩相同或相近。

一般来说，由于彩色滤镜的应用会在一定程度上减少摄入镜头的光量，故在拍摄确定曝光时，要适当增加曝光量以弥补使用彩色滤镜所带来的光线减少。但是，当想要加强彩色滤镜的影调时，在拍摄中可适当曝光不足，加强其色彩的浓郁度。

黄色滤镜

用后期完善前期：利用渐变映射制作金色的落日帆影

在本例中，主要使用“渐变映射”命令，为照片叠加新的色彩，以创建金色夕阳的基本色调，然后再使用“曲线”命令，结合图层蒙版功能，分别对剪影和剪影以外的区域进行色彩和亮度的优化。

详细操作步骤请扫描二维码查看。

原始素材图

处理后的效果图

10.5 影调

高调

通常把影调清亮的照片称为“高调照片”，高调也可以称为“亮调”。高调照片中浅色占据画面的绝大部分面积，即由大量白色和浅灰色影调构成的画面。高调照片适合表现以白色为基调的场景，但也不排斥少数暗调、深色的元素，甚至在大面积的淡色衬托之下，小部分暗调的出现也可能会使画面更为突出并成为照片的视觉中心，否则画面会显得轻飘，没有视觉重点。

想要获得成功的高调照片，在光线方面需要选择顺光或散射光，以便获得影调柔和、反差较小的画面视觉效果。

同时拍摄时还可以在正常测光基础上适当地增加1/2～1.5挡的曝光量，以起到提亮画面背景、增强视觉效果的作用。

选择雪景作为背景环境获取高调画面，整个画面清新、淡雅

85mm | f/8 | 1/320s | ISO 100

仰视拍摄高空中的飞鸟，以翻滚的云雾作为背景，同时少量的蓝天纳入将白云衬托得更加纯净，而呈点状的飞鸟在画面中成为视觉焦点

135mm | f/11 | 1/250s | ISO 200

通过适当地增加曝光补偿拍摄弥散着薄薄雾霭的景象，获得了如同水墨画般的视觉效果，同时高调效果使画面的意蕴更加超然

35mm | f/16 | 1/100s | ISO 100

操作方法 尼康数码单反相机曝光补偿设置

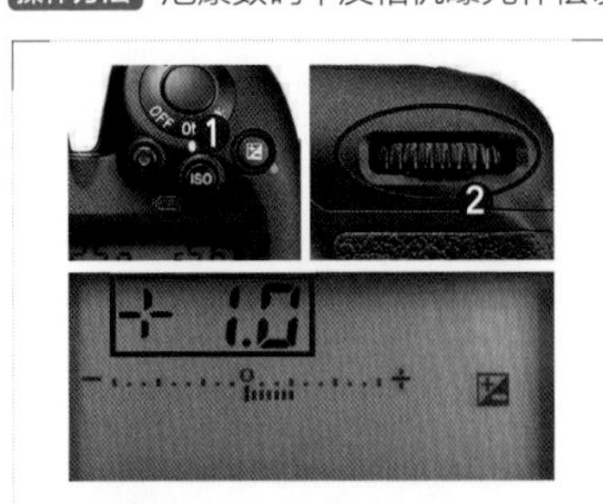

按下☒按钮，然后转动主指令拨盘，即可在控制面板上调整曝光补偿数值

操作方法 佳能数码单反相机曝光补偿设置

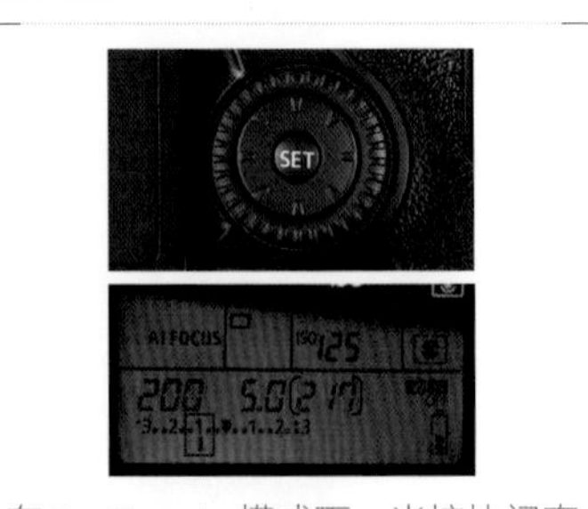

在P、Tv、Av模式下，半按快门查看取景器曝光量指示标尺，然后转动速控转盘◎即可调节曝光补偿值

用后期完善前期：制作出牛奶般纯净自然的高调照片

在本例中，主要是使用“黑白”调整结合不透明度的设置，大幅降低照片的饱和度，然后使用多个调整图层和图层蒙版功能，对照片进行提高亮度、对比度及立体感等方面的处理，最后，再为照片中典型的色彩，如皮肤、嘴唇及头发等，进行适当的恢复与润饰处理。

详细操作步骤请扫描二维码查看。

原始素材图

处理后的效果图

低调

通常将影调浓重的照片称为“低调照片”，低调也可以称为“暗调”。低调照片中黑色和深灰色占据画面的较大面积，由深灰到黑色的少数等级色调是画面构成的主要部分，给人一种浓重、深沉的视觉感受。

低调照片一般用来表现黑色、深灰色等暗色被摄对象，营造出一种庄严、静穆的画面氛围，或者用于表现被摄对象的沧桑感。虽然主调为暗调，但同样也不排斥小面积的亮调部分，同亮调照片中的暗色部分一样，小面积的亮调色块在暗调照片中多成为其视觉中心，使画面具有生气，从而避免产生沉闷感的画面。

拍摄低调的照片宜选择深色背景，以便将被摄主体在画面中突显出来；在光线的选择上较适于运用侧光或逆光进行拍摄，这两种光线条件下的被摄体受光面较小，以形成暗调效果。同时，与高调画面相反，在测光之后，可适当减小0.5～1.5挡的曝光量，将背景压暗，以获得主体突出的画面效果。

由弱光情况下的拍摄形成

在弱光环境下拍摄低调照片，摄影者可以适当地减少曝光量，从而获得低影调的画面效果。

由测光位置与测光模式形成

在夜晚拍摄时，摄影者可以将相机设置为点测光模式，并对夜景中受灯光照射的较亮局部进行测光拍摄，使受光源照射的部分获得正常曝光的基础上，画面的其他大部分呈现深暗影调。

日落时分光线照射较弱，地面景象渐渐被黑暗笼罩，同时天空也呈现深重的墨蓝色

35mm ¦ f/11 ¦ 1/125s ¦ ISO 200

太阳完全沉入地平线以下，整个世界变得漆黑，借助夜晚的照明工具进行拍摄，以获得焦点鲜明的低影调画面

27mm ¦ f/16 ¦ 1/250s ¦ ISO 200

中间调

中间调画面是指画面中影调都处在黑白灰的渐变中，明暗关系处于高调和低调之间，没有强烈的反差对比。此类影调画面不具备高调和低调画面中显著的风格特点，是日常拍摄中最普遍选用的表现方法。

在拍摄时，要注意测光模式、测光点的选择对于画面整体影调再现的影响，例如选用覆盖取景器2.8%大小面积测光的点测光模式针对画面较亮影调测光拍摄，则易获得整体影调偏暗的效果，相反则反之。

选择点测光模式针对画面中中间影调进行测光拍摄，获得兼顾亮部、暗部区域的中间调画面

50mm ┆ f/4 ┆ 1/250s ┆ ISO 100

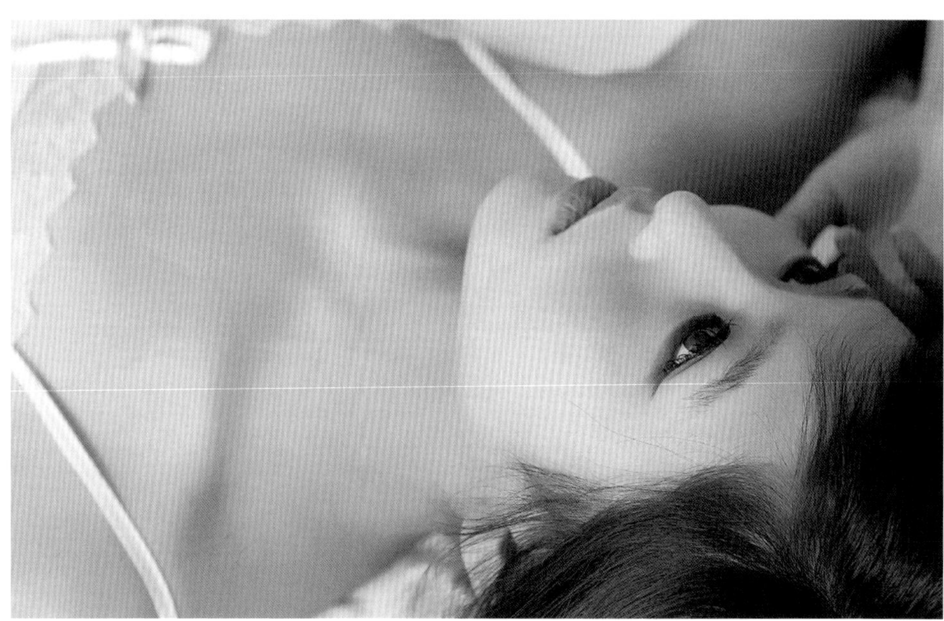

采用俯视角度拍摄，使人物的黄色肌肤占据画面的较大比例，以获得中间调的画面

75mm ┆ f/5.6 ┆ 1/125s ┆ ISO 100

10.6 色彩的对比关系

原色对比

原色对比红、绿、蓝色的对比，太阳的色光是三原色。自然界的景物都对这三原色进行不同的吸收或反射，人眼视网膜中椎体细胞对三原色同样有吸收和反射功能，因此三原色是色彩形成的基础。在彩色摄影的画面构成中，如果将三原色组合在一起，可以获得鲜艳、明快的感觉，例如在拍摄红花时使用绿叶作为衬托，红色花朵的色彩会更加鲜艳、突出。

另外，对于其色彩在画面中所占面积大小也要适度控制、处理，避免出现均等比例的构成形式。要使其中一种色彩作为画面的主要基调占据大比例面积，从而避免视觉的杂乱。

绿色的背景和同样是绿色的主体，画面过于统一、单调，对比关系缺失

80mm ┊ f/10 ┊ 1/500s ┊ ISO 160

在大面积绿色背景的衬托下，红色的花朵显得更鲜艳、突出

50mm ┊ f/3.5 ┊ 1/125s ┊ ISO 100

明艳的蓝天、嫩黄色的植被等形成了一幅如画般的美景

35mm ┊ f/16 ┊ 1/250s ┊ ISO 100

晦暗与明艳的对比

晦暗与明艳的对比指的是利用色彩的明度对比、纯度对比进行构图拍摄。明度对比是利用颜色的明暗程度进行对比来突出主体的，包括同一色相在不同光照下产生的不同明度的对比，也包括不同色相上的明度差距的对比；纯度对比即饱和度对比，利用色彩之间的纯、灰饱和度对比使主体得以突显。

选用低色彩度的黑色作为画面背景，为整体画面增添了一种神秘意蕴，同时还将主体粉红色花朵衬托得更加明艳、动人

50mm | f/3.5 | 1/125s | ISO 100

采用仰视视角进行拍摄，使灰暗的天空作为画面背景，将前景明黄色的花朵衬托得更加明艳、夺目

50mm | f/3.5 | 1/125s | ISO 100

10.7 色彩的和谐关系

邻近色的运用

在色环上临近的色彩相互配合。如红、橙、橙黄，蓝、青、蓝绿，红、品、红紫，绿、黄绿、黄等色彩的相互配合，由于它们反射的色光波长比较接近，不会明显引起视觉上的跳动，因此将它们相互配置在一起使用不仅没有强烈的视觉对比效果，还会使画面显现得比较和谐与协调，获得平缓、舒展的感觉。

黄色的油菜地、绿色的树木与淡蓝色的天空共同组成了一幅极具视觉舒展感的画面

50mm ¦ f/16 ¦ 1/100s ¦ ISO 100

消色的运用

通常所指的消色即黑色、白色和灰色，运用消色和谐画面即运用消色去掉与鲜艳色彩间的强烈对比关系。

例如黑色对各种色光具有吸收、不反射、不干扰视觉的特性，将其运用到画面中来不仅可以弱化其多色彩的强烈对比关系，还可以保持或加强其色彩自身饱和度的呈现。

采用剪影效果的画面处理，使前景处的房屋建筑呈深暗的黑色，从而使其整体色彩较为沉稳

50mm ¦ f/16 ¦ 1/100s ¦ ISO 100

针对天空的亮度均匀处进行测光拍摄，使围绕在湖边上的林木呈深暗的黑色，弱化了画面色彩的强烈感

50mm ¦ f/16 ¦ 1/100s ¦ ISO 100

前景处呈剪影状的深暗树木正居于天空处蓝色与橘色的衔接位置，在一定程度上弱化其对比关系

50mm ¦ f/16 ¦ 1/100s ¦ ISO 100

第11章

人像摄影构图技巧实战

11.1 人像摄影常用的构图方法

斜线构图

斜线构图在人像摄影中经常被用到。当人物的身姿或肢体动作以斜线的方式出现在画面中，并占据画面足够大的空间时，就形成了斜线构图方式。斜线构图所产生的拉伸效果，对于表现女性修长的身材或者美化拍摄对象身材方面的缺陷具有非常不错的效果。

模特的臀部与撑起的上半身形成S形，很好地突显了模特的身材。倾斜相机使模特在画面中以斜线出现，可避免画面呆板，给人以惬意、舒适的感觉

135mm | f/3.5 | 1/250s | ISO 100

S形曲线构图

在拍摄女性人像时，可采用S形曲线构图来表现女性独有的柔美特质，此站姿的要点是身体重心放在左脚上，抬起的手臂一高一低、错落有致，这样才不会影响身体曲线的展现。具体在拍摄时身体弯曲的线条朝哪一个方向和弯曲的力度大小都是有讲究的（弯曲的力度越大，表现出来的力量也就越大）。所以，在人像摄影中，用来表现身体曲线的S形线条的弯曲程度都不能太大，否则被摄对象要很用力，会影响到其他部位的表现。

S形曲线构图通常采用竖幅的方式，从人物侧面表现女性妩媚的气质

70mm | f/2.8 | 1/250s | ISO 100

框架式构图

运用框架式构图拍摄人像就是利用前景形成实际的框架或者是人眼视觉上所产生的“框”，将人物主体框起来，使视觉中心全部集中到主体人物身上，起到视觉强化的作用。

↑ 将前景中的篱笆小门作为画面中的框架，通过将人物框起来使其在画面中更加突出

80mm | f/2.8 | 1/200s | ISO 100

三分法构图

三分法构图利用了黄金分割构图的定律，在其基础上再进行简化，达到人眼视觉效果最舒服的一种状态。三分构图法在人像摄影中是最常用也是最实用的构图方法，这种构图可以给观者带来视觉上的愉悦感和生动感。三分法构图可分为横向三分法和纵向三分法两种。

三分法的每一条分割线上都可安排模特的躯干，而将人物的脸部或眼睛置于其4个交汇点中的一个点上，则能够更加鲜明地突出人物主体。

利用三分法构图的方式表现坐在草地上的模特，这样既可使画面感觉舒服，还很有美感

180mm ┊ f/3.2 ┊ 1/500s ┊ ISO 100

满画面构图

拍摄人像时，如果觉得背景太过杂乱或与照片主题不相符合，可以让人物充满画面，舍弃对环境的表现，这种构图方式叫满画面构图，主要应用于人像摄影，以表现人物的面部或情绪

将人物的面部充满整个画面，突出强调了人物的面部特征，此时画面的重点应在人物的眼睛上，因此应注意将对焦点置于眼睛处

80mm ┊ f/2.8 ┊ 1/640s ┊ ISO 400

对人物头部进行特写，模特的眼睛特别吸引人

85mm ┊ f/5 ┊ 1/250s ┊ ISO 200

11.2 用不同类型的镜头拍摄人像

标准镜头拍摄的人像感觉很亲切

标准镜头拍摄的画面和人眼的视觉习惯很相近，因此标准镜头下的人像照片很自然、亲切、真实，画面更具亲和力。

标准镜头的人像很亲切、自然，人物不会变形

85mm ┊ f/2.2 ┊ 1/640s ┊ ISO 100

杂乱环境用长焦拍摄人物特写

长焦镜头的视野范围较小，在杂乱的环境里拍摄人像时，可以通过长焦镜头拍摄人物特写照，排除其他干扰因素，所以此类镜头拍摄的人像画面显得简洁、精练、饱满。

此外，还可以使用长焦镜头拍摄距离比较远的人像，尤其是模特面对镜头放不开或者紧张时，摄影者可以从较远的位置进行拍摄。

长焦还可以虚化杂乱的背景，使人物突出，画面简洁

200mm ┊ f/2.8 ┊ 1/200s ┊ ISO 100

利用广角镜头拍摄环境人像

在人像摄影中很少用到广角镜头像，广角镜头的透视关系明显，容易使被摄对象产生畸变。

但使用广角镜头拍摄人像可以充分表现周围环境，适合外出游玩拍摄带风景的旅行照。

广角镜头可以表现周围环境，起到渲染氛围的效果

20mm ┆ f/7.1 ┆ 1/1000s ┆ ISO 100

利用广角镜头获得夸张的表现效果

利用广角镜头放大透视畸变的效果，可以拍出夸张的身材比例，比如想要拍出大长腿效果，就可以使用广角镜头，然后将腿朝镜头方向摆放。如右图，使用广角镜头把被摄对象的动作记录下来，通过透视畸变使人物的腿变得修长，营造出一种较夸张的视觉效果。

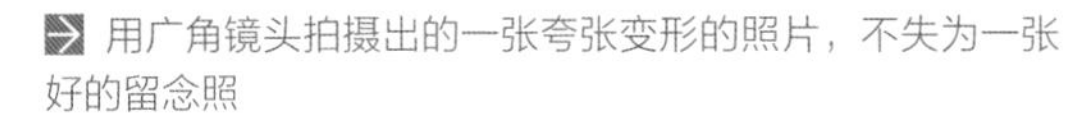

用广角镜头拍摄出的一张夸张变形的照片，不失为一张好的留念照

17mm ┆ f/9 ┆ 1/800s ┆ ISO 100

11.3 不同景别表现人像的不同感觉

近景人像突出面部表情

近景拍摄人像主要表现的是人物的面部表情、光影以及层次，几乎没有环境的表现。近景拍摄通常把眼睛放在画面三分之一处，从而让构图看上去更舒服。

近景人像主要表现人物的神情，画面很简洁、明朗

70mm ┆ f/2.8 ┆ 1/500s ┆ ISO 100

中景构图可利用环境衬托人物

中景人像是比全景人像的拍摄距离更近的拍摄位置，通常中景人像包含了模特上半身至膝盖的身体区域，对环境也有一定的表现。所以中景人像既可以表现模特，又可以交代环境，这样使画面不会很单调，可以利用环境来更好地衬托模特，使画面内容丰富。

中景纳入了适量的环境，画面中黄色的小碎花很好地衬托了模特

50mm ┆ f/2.8 ┆ 1/400s ┆ ISO 100

既突出人物又表现环境的全景构图

全景的拍摄距离一般都比较远一些，通常用于表现拍摄人物的身体姿态和周围的环境，所以人物的姿势和环境的选择都很重要。

在树林、草丛和花朵的衬托下，照片表达出了精灵少女的主题

35mm ┊ f/3.2 ┊ 1/500s ┊ ISO 100

使画面看起来不会很呆板的全身构图

通常拍摄全身人像，尤其是站立的全身人像时，画面中只有单独站立的一个人，两边都显得很空，画面给人感觉很不平衡，较为死板，这时你可以尝试倾斜相机拍摄。

稍微倾斜相机拍摄，再配合模特大步向前的姿势，使画面活泼感十足

35mm ┊ f/3.5 ┊ 1/1250s ┊ ISO 100

11.4 表现情感性的人像构图技巧

平视角度表现稳定平和

由于平视角度拍摄的画面的透视关系、结构形式、景物大小和我们人眼看到的大致相同，所以很容易使观者在心理上有一种认同感和亲切感。这种拍摄视角最适宜于表现人物间的感情交流和内心活动。

如果被摄对象的高度与摄影者的身高相当，那么摄影师只要身体站直，把相机放在胸部到头部之间的位置拍摄，即可获得比较标准的平视拍摄效果。

如果模特相对于摄影者处于较高或较低的位置，摄像者就应该根据模特的高度随时调整相机高度和身体姿势。例如拍摄坐在椅子上的人物，就应该采用跪姿拍摄，有时可能需要趴下才可以使相机与被摄对象始终处于同一水平线上。

平视角度拍摄的模特适合观者的观看习惯，使画面更加自然、亲切

85mm | f/5.6 | 1/250s | ISO 100

俯视角度制造特殊感觉

如果采用俯视角度拍摄人物特写，画面中的人物看起来会比实际情况矮一些，同时看照片的人会对画面中的人物产生居高临下的压迫感，进而削弱了人物的分量，所以要谨慎使用。

如果从比被摄人物的视线略高一点的上方进行近距离特写拍摄，画面有时还会带点藐视的味道。

采用俯视角度拍摄面部特写时，由于透视关系会使面部显得瘦长一些，而使模特看上去更漂亮，但此时俯视的角度不宜过大。

另外，如果从上方俯视拍摄人像，并在人物的四周留下很多空间，则画面中的人物就会给人一种孤单、寂寞的感觉。

广角镜头的特殊透视关系不仅能概括环境因素，更能对模特的面部表情进行重点刻画，同时夸张的透视关系给人以视觉冲击力

18mm ┆ f/2.8 ┆ 1/125s ┆ ISO 200

俯视角度拍摄时注意人物比例

在俯拍的时候由于透视关系的改变，有可能造成人物比例失调，人物的身体将被压缩，出现上大下小的变形效果，头部被夸大，而腿部则被压缩变短。如果不想制造这种特殊的视觉效果，应尽量避免使用广角镜头或使模特以躺姿出镜，以免加强人物比例失调的感觉。

从模特上方进行俯拍，躺姿可以避免俯拍时头大身小的畸变效果

50mm ┆ f/4 ┆ 1/125s ┆ ISO 100

仰视表现女性的线条和男性的威武

仰视角度拍摄会使得画面中的线条向着画面上方的透视点汇聚，从而产生较强的视觉透视效果。由于这种拍摄角度不同于传统的视觉习惯，也改变了人眼观察事物的视觉透视关系，给人的感觉很新奇。仰视角度拍摄人像的两大作用如下所述。

强化人物主体形象

如果拍摄的目的是想让被摄人物的形象显得高大一些，可以降低拍摄角度，由下向上拍摄。这样可以强化主体在画面中的地位，使被摄人物显得更高大、挺拔。拍摄女性模特时，仰拍可突显线条，尤其是腿部线条，让其显得身材修长；而拍摄男性时，仰拍则能体现出高大威武的气质。

剔除杂物

用仰视的方法拍摄人像时，可以将镜头抬高许多，从而避开地面上的一些不良杂物，使画面显得干净、简洁，使人物主体显得更加突出。

在采用仰视角度拍摄人像时要注意的是，这种角度所拍出来的效果通常并不理想，因为面部会出现明显的变形，表情也会太过于夸张，在不合适的场合使用这种视角拍摄，可能会扭曲、丑化人物主体。

采用仰视拍摄，利用前景的环境元素突出表现人物，营造了一幅温馨、甜蜜的画面

35mm | f/4 | 1/2000s | ISO 100

11.5 人像摄影拍摄方向

正面表现人物表情

正面拍摄人物，可以通过眼神和面部表情来揭示人物内心状态或性格特征等。正面拍摄时，需要注意不能让被摄者的动作僵硬、表情呆板。摄影者需注意调动被摄者的情绪，并可通过适当的陪体对画面进行协调。

正面拍摄人像时，由于人物的面部正对镜头，因此其缺陷会比较明显地暴露出来。例如，如果模特的脸型较胖，就会较明显地体现在照片中，此时可以通过肢体动作，如双手捂住脸颊或扭动身体进行掩饰。正面拍摄人像时，如果光线的塑形效果不够理想，则面部的立体效果会比较差，因此通常不建议选择较强的顺光拍摄，可以多尝试进行侧光或侧逆光拍摄。

在和模特沟通时，尽量不要将相机取景框离开眼睛，以便随时抓拍模特好的表情和动作

85mm ┆ f/2.8 ┆ 1/125s ┆ ISO 200

侧面勾勒人物线条

从人物侧面进行构图，可以塑造被摄对象的侧面轮廓形状，表现其秀美或健壮的特点。另外，对于脸部形象不够端正或有某些缺陷的被摄者，侧面拍摄还可以起到适当的掩饰作用。

拍摄全侧面人像时，模特的面部也不一定非要与相机镜头成直角，头可以稍偏向镜头一些，一般以能够看到两只眼睛为准，使面部的表现面积稍大一些，以获得更理想的效果。

侧身人像能够将模特凹凸有致的身体线条很好地表现出来，特别是在逆光的情况下，模特的轮廓会被阳光勾勒出金色的亮边，非常漂亮

85mm ┆ f/3.2 ┆ 1/160s ┆ ISO 200

背面表现特殊感觉

背面人像一般都是为了表达画面的特殊需要而选择的，它能够通过被摄者的背面形象表达摄影者艺术构思中的意境。这类作品一般有两种表现形式：一种是被摄对象与陪体共同作为构图的主要内容，表达特殊感情；另一种则是被摄对象作为前景，通过比较好的透视关系，给画面留下比较大的想象空间。

另外，背面拍摄的人像照片给人一种神秘感，因为对于任何一张人像照片而言，观者的目光在画面中最先寻找的就是模特的面部，而背面拍摄的照片之所以给人神秘的感觉，就是因为当观者看不见模特面部时，能够引发强烈的悬念感与猜测。

采用框架式构图拍摄人物的背影，留给观者很大的想象空间

35mm | f/1.8 | 1/80s | ISO 400

3/4侧面拍摄人像

3/4侧面人像也是经常见到的人像照片类型，因为其既可以清楚地表达人物的面部特征，又可以让人物轮廓更有立体感。其中最为典型的姿势就是背对镜头的被摄者，侧转过身来，面对镜头展露可爱、迷人的微笑。

飘逸的头发、动人的曲线、活泼的笑容都散发出青春的气息，这便是摄影者希望捕捉到的人物感觉

70mm | f/2.8 | 1/1250s | ISO 100

11.6 人像摄影中前景的重要性

利用前景烘托主体、渲染气氛

利用前景虚化来衬托场景、突出主体也是一种非常重要的表现形式。与背景虚化相仿，同样可以采取虚化的方式将前景进行模糊处理，将前景贴近或靠近镜头，使用大光圈将前景虚化的方式不但可以突出主体，还可以使画面变得更加梦幻、柔美。

此外可以充分利用前景物体作为框架，形成框架式构图，使画面的景物层次更丰富，加强画面的空间感，还能够装饰性地美化画面，增强形式感。

在具体拍摄时，常常可以考虑用窗、门、树枝、阴影或手等来为被摄体制作“画框”，拍摄后能得到“犹抱琵琶半遮面”的意境。

成片的花海衬托出了新人的甜蜜感

100mm ¦ f/3.2 ¦ 1/250s ¦ ISO 100

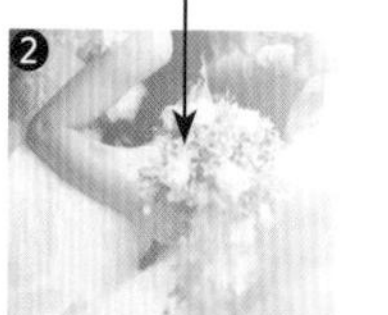

❶ 通过倾斜相机使画面呈斜线构图，更具动感效果

❷ 新娘手中的捧花与花海形成呼应，表达了对一对新人的美好祝福

❸ 将前景虚化，可以更好地表现主体

用虚化的前景融合人像与环境

在拍摄人像时，如果画面处理不当，前景常会干扰到人物主体的表现，分散观者的注意力，从而使画面主题表达不明确。这时，摄影者可以考虑通过一些拍摄手法将前景虚化，使前景处的景物呈模糊状，这样不仅不会干扰画面主体人物的表现，还可以制造出虚实有度的画面节奏感，为画面烘托气氛、渲染意境。

↑ 使用长焦镜头虚化画面中的前景，增强画面的空间感，同时也使人物很好地融入到环境中

200mm ┆ f/3.5 ┆ 1/500s ┆ ISO 100

利用前景加强画面的空间感和透视感

在拍摄人像时，可以利用前景成像大、色调深的特点，使前景与远处景物形成体量的大小对比或者色调的深浅对比，强化画面的空间感，这实际上也是透视原理在摄影中的具体应用，而且由透视原理可以推断出，前景与人物在画面中所占的面积比例相差越大，则画面的空间感越强。

→ 前景中大片的油菜花与远景中浓情蜜意的恋人形成呼应，表现出对生活的美好愿望

135mm ┆ f/2.8 ┆ 1/200s ┆ ISO 100

11.7　人像摄影中背景的重要性

选择相对单纯的背景

无论是何种题材的摄影，让背景保持简单都是拍摄出成功作品的必要条件，这在人像摄影中也毫不例外。无论是在影棚里拍摄人像，还是拍摄外景人像，让人物所处的环境背景保持简洁，都能让我们的人像作品主题更加突出、画面更具魅力。

大多数人像更多的是在户外拍摄的，在取景构图时可以选择色彩单一、图案较简单的背景，如草地、大片的树木、蓝天等。

干净、简洁的画面，衬托得女孩看起来更加妩媚

50mm ┆ f/7.1 ┆ 1/160s ┆ ISO 200

大光圈虚化背景形成虚实对比效果

人们在观看照片时，很容易将视线停留在较清晰的对象上，而对于较模糊的对象则会自动“过滤掉”。虚实对比的表现手法正是基于这一原理。在拍摄环境人像时，如果拍摄现场的环境背景实在无法通过选择来使之简化，可以通过设置较大的光圈来使背景虚化，同样不失为一种使背景简洁的办法。

利用大光圈不仅将背景中的光源虚化成了漂亮的光斑，也通过虚实对比使模特在画面中更突出

200mm ┆ f/2 ┆ 1/500s ┆ ISO 200

将人物融入到场景中

拍摄环境人像时，需要环境与人物共同完成对于画面主题的表达，这时需要考虑将人物融入到环境中，达到二者的和谐统一。

模特倚靠在船沿，海风吹起的长发、飘逸的衣裙、清爽明亮的色彩，无不让人联想到海边的生活。融入环境中不一定非要特意表现环境，更应注意模特的感觉是否融入其中

70mm ┆ f/5.6 ┆ 1/250s ┆ ISO 100

11.8 人像摄影中陪体的重要性

让陪体辅助表达气氛

陪体是指画面中与主体构成一定的情节，帮助表达主体的特征和内涵的对象。陪体在人像摄影中起着重要的作用，正因为画面中有陪体，视觉语言才会准确生动得多。

陪体的第一个作用就是辅助表达画面气氛，选择与画面感觉相符合的陪体，可以使其与主体组成情节，共同营造画面气氛。

让陪体烘托人物情绪

除渲染画面气氛之外，在人像摄影中，陪体对烘托人物情绪、帮助说明主体的性格特征和心情状态有着重要的作用。常见的陪体有花束、毛绒玩具、手机、笔记本、汽车、折扇等。

摄影师利用可爱的熊布偶来烘托情侣照的浪漫气氛

85mm | f/2.2 | 1/200s | ISO 100

如果将红色和绿色的苹果单独放置只能代表水果，但当将它们和人物放在一起时，画面的意义就不同了。摄影者利用苹果作为陪体，强调一种青春期的甜美和青涩

50mm | f/3.2 | 1/100s | ISO 100

11.9 不同影调拍摄人像的技巧

低调画面表现人物的神秘感

低调人像的影调构成以较暗的颜色为主，基本由黑色和部分中间调颜色组成，亮部所占的比例较小。

在拍摄低调人像时，如以逆光的方式进行拍摄，应该对背景的高光位置进行测光；如果是以侧光或顺光方式进行拍摄，通常是以黑色或深色作为背景，然后对模特身体上的高光进行测光，该区域以中等亮度或者更暗的影调表现出来，而原来的中间调或阴影部分则再现为暗调。

在室内或影棚中拍摄低调人像时，根据要表现的内容，通常布置一两盏灯光。比如正面光通常用于表现深沉、稳重的人像，侧光常用于突出人物的线条，而逆光则常用于表现人物的形体造型或头发（即发丝光），此时，模特宜身着深色的服装，以与整体的影调相协调。

在拍摄时，还要注重运用局部高光，如照亮面部或身体局部的高光，以及眼神光等，以其少量的白色或浅色、亮色，在画面中加入浅色、艳色的陪体，如饰品、包、衣服或花等，使画面在总体的深暗色氛围下呈现生机，以免使低调画面显得灰暗无神。

局部光线只打亮了模特夸张的服饰和眼妆，在黑色背景的衬托下有种烁烁发光的视觉效果，利用低调的画面形式给人一种时尚的感觉

90mm | f/8 | 1/250s | ISO 100

中间调画面是最具真实感的人像画面

中间调是指画面没有明显的黑白之分，明暗反差适中的画面影调。中间调层次丰富，适用于表现质感、色彩等细节，画面效果真实自然。其影调构成特点是画面既不倾向于明亮，也不倾向于深暗。通常情况下，拍摄的人像照片大多数都属于这种影调。

中间调是最常见、应用最广泛的一种影调形式，也是最简单的一种影调，只要保证环境光线比较正常，并设置好合适的曝光参数即可。

个 肤色健康的女孩和背景中的绿树构成了一幅自然、真实的中间调画面，通透的画面使人物仿佛置身于天然氧吧之中

200mm | f/2.8 | 1/640s | ISO 100

高调画面表现女性的柔美

高调人像的画面影调以亮调为主，暗调部分所占比例非常少，较常用于女性或儿童人像照片，且多用于偏向艺术化的视觉表现。

在拍摄高调人像时，模特应该身着白色或其他浅色的服装，背景也应该选择相匹配的浅色，并在顺光的环境下进行拍摄，以利于画面的表现。在阴天时，环境以散射光为主，此时先使用光圈优先模式（Av挡）对模特进行测光，然后再切换至手动模式（M挡）降低快门速度以提高画面的曝光量。当然，也可以根据实际情况，在光圈优先模式（Av挡）下适当增加曝光补偿的数值，以提亮整个画面。

为了避免高调画面产生苍白无力的感觉，要在画面中适当保留少量有力度的深色、黑色或艳色，如鞋、包或花等。

身着洁白婚纱的新娘给人一种清新宜人的感觉，紫色的头花为其增添了时尚的感觉，而背景中透出的点点绿意则使画面更加清新

110mm ¦ f/2.8 ¦ 1/800s ¦ ISO 100

在浅色的环境中拍摄人像时，增加了曝光补偿后得到高调效果的画面，浅色的背景衬托着女孩一头浪漫的卷发，非常突出，也突出了女孩温婉的气质

45mm ¦ f/2.5 ¦ 1/250s ¦ ISO 100

清爽的冷调人像画面

以蓝、青两种颜色为代表的冷色调，可以在拍摄人像时表现出冷酷、沉稳、安静以及清爽等不同的情感。

与人为干预照片的暖色调一样，也可以通过在镜头前面加装蓝色滤镜，或在闪光灯上加装蓝色的柔光罩等方法，为照片增加冷色调。

以天空、大海和新娘的白色婚纱构成的冷调画面看起来十分清爽怡人

35mm ¦ f/16 ¦ 1/800s ¦ ISO 100

温馨的暖调人像画面

在拍摄前期，可以根据需要选择合适颜色的服装，如红色、橙色的衣服都可以得到暖色调的效果，同时，拍摄环境及光照对色调也有很大的影响，应注意选择和搭配。比如在太阳落山前的3个小时中，可以获得不同程度的暖色光线。

如果是在室内，可以利用红色或者黄色的灯光来进行暖色调设计。当然，除了在拍摄过程中进行一定的设计外，摄影师还可以通过后期软件的处理来得到想要的效果。

女孩身上的红袍和手中的喜帖都透露着浓浓的节日气氛。由于设置了较低的色温，因此加强了暖调的画面效果，突出了女孩甜美的气质

100mm ┆ f/3.2 ┆ 1/320s ┆ ISO 100

用后期完善前期：温馨雅致的暖黄色调

在本例中，主要是使用“色相/饱和度”命令改变照片的基本色调，然后再使用“可选颜色”命令对照片的色彩进一步的润饰与调整，从而获得漂亮的暖黄色调效果。

详细操作步骤请扫描二维码查看。

处理后的效果图

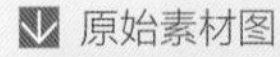

原始素材图

第12章

风光摄影构图技巧实战

12.1　风景摄影构图取景要诀

拍摄距离影响被摄景物的大小

镜头与景物的距离影响取景范围的大小，在同样焦距的情况下，距离越远取景范围越大。在风景摄影中，要注意拍摄距离变化引起的景别变化与镜头焦距变化所引起的变化是不同的，拍摄距离的变化不会引起画面视觉效果的变化。

两幅照片使用同样的焦距，但是由于拍摄距离不一样，所呈现的景别范围也不尽相同

17mm ¦ f/5 ¦ 1/1600s ¦ ISO 200　（右上图）

17mm ¦ f/6.3 ¦ 1/1250s ¦ ISO 200　（右下图）

拍摄视角影响被摄景物的气势

拍摄视角不同，会引起物体在画面呈现上的形状变化、景物气势的变化等。平视拍摄多用于表现亲切、自然的画面效果；仰视拍摄一般用于强调和夸张被摄景物的高度，但拍摄时容易引起形变；俯视拍摄多用于表现、交代被摄景物的全貌及其所处周围环境。

仰视角度突出表现胡杨高大、挺拔的特点

24mm ¦ f/5.6 ¦ 1/160s ¦ ISO 100

利用黄金分割法突显画面视觉中心

在风光摄影中，黄金分割法对于构图的意义，至少体现在以下三个方面。

首先，黄金分割比能够用于确定画幅比例，如竖画幅的高8与宽5或横方形画面的高5与宽8，从而使画幅看上去更协调、美观。

其次，由于风光摄影常需要拍摄有天空、水面、地面的场景，因此利用黄金分割比，可以确定地平线或水平线的位置，如拍摄水面在画面中占5，天空占8；或地面占8，天空占5，这取决于画面中表现的重点。

第三，利用黄金分割点可以确定画面中视觉焦点的位置，通常应该放置在黄金分割点的位置上。

上面的4张照片虽然拍摄主体不同，但在构图时均将主体安排在了画面的黄金分割点上

这两张照片展示了如何利用黄金分割点来安排地面或水面在画面中所占的比例

运用相似与变化把握画面节奏感

在摄影创作中，摄影师可以通过一定的技术手段来安排空间的虚实交替，元素之间疏密的变化，或相似元素之间长短、曲直、大小的渐进式变化，使作品具有一定节奏与韵律感。

与其他构图手法相比，节奏更有活力，即使平淡的拍摄主题，一旦有了某种节奏就会给人留下深刻的印象。

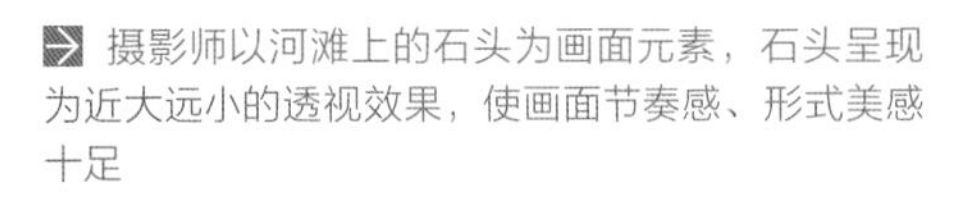

摄影师以河滩上的石头为画面元素，石头呈现为近大远小的透视效果，使画面节奏感、形式美感十足

18mm ┆ f/8 ┆ 1/10s ┆ ISO 100

合理处理画面空间保持均衡感

在拍摄风光时，处理好画面的均衡感很重要，均衡的画面从视觉上给人稳定感、平稳感。要得到均衡的画面效果，要通过对画面中各个元素的经营来获得，例如利用画面中的轻重、虚实、疏密、繁简等关系，使画面达到视觉和心理上的均衡感，同时为画面注入活力，营造出一种不呆板的均衡效果。

广角镜头的透视性能使前景与背景中的礁石形成近大远小的对比，采用低角度取景，从而将天空中绚丽的云彩纳入画面，使画面无论是均衡感还是空间感都得以完美呈现

18mm ┆ f/14 ┆ 10s ┆ ISO 100

利用大自然多变的线条表现画面

在风光摄影中存在着大量的线条，包括有形的线条和无形的线条。它们不仅使画面极具美感，还能够分割画面，或使画面的线条具有一定的视觉指向性。因此，合理地运用线条能使画面更具有形式美感及空间延伸感。

线条的指向性

线条天生就拥有延续与指向的特性，对于风光摄影中出现的特别而且明显的线条，人们的视觉往往会沿着它汇聚到主体上。这样的线条具有视觉导引作用，或者说具有指向性。

游艇划过水面时溅起的水花形成斜线，引导观者跟随游艇的指向看向远方

28mm ┆ f/5.6 ┆ 1/200s ┆ ISO 100

线条的形式美

在风光摄影中，线条是构成画面形式美的重要元素，曲折的山峦轮廓、优美的建筑曲线都能为画面带来美的感受。

利用梯田的线条来进行拍摄，画面表现出的方格形状看起来特别迷人

65mm ┆ f/16 ┆ 1/4s ┆ ISO 100

线条的分割作用

线条具有分割画面的作用，著名的抽象派绘画大师蒙德里安就是通过线条与色块来分割画面的。在风光摄影中，线条也往往代表一个面的结束，另一个面或空间的开始，因此通过线条的这种分割作用也可以表现出风光中的空间与体积变化。

利用天际线和海岸线来进行拍摄，画面被分割成不规则的三个部分，每两个相邻的分割线颜色均不相同，体现出很强的几何形体感

20mm ┆ f/10 ┆ 5s ┆ ISO 100

巧妙的点缀增加画面趣味性

在拍摄风光时如果要使画面有趣味性或生机，需要在画面中加入点缀性的元素，如小船、飞鸟、游人、水面上漂浮的花朵、山边的小动物。在构图时要注意将这些点缀性的元素安排在黄金分割点或三分线上，并在光线、颜色等方面将其突现出来，因为虽然这些元素所占的面积较小，但往往会成为整个画面的视觉焦点，使画面有内涵与意义。

水鸟作为点元素出现，既丰富了画面的构成形式，又增加了趣味性

35mm ¦ f/6.3 ¦ 1/320s ¦ ISO 100

摄影者将沙丘上的人物以点元素的形式表现，排列的人物形成秩序，增加了画面的形式美感

70mm ¦ f/2.8 ¦ 1/1000s ¦ ISO 640

12.2 山川

俯拍表现其连绵气势

俯视角度拍摄山川适合表现场景的规模宏大，获得具有很强的透视效果的画面。拍摄时可以处于山峰制高点位置，并配合使用广角俯拍其连绵、蜿蜒之势。同时，摄影者还可以结合横画幅表现山脉，使山脉的延绵在画面中最大程度地获得表现，使之在视觉画面上产生左右方向上的延伸之感。

10mm ¦ f/22 ¦ 1/320s ¦ ISO 100

15mm ¦ f/18 ¦ 1/500s ¦ ISO 100

↑ 选择制高点采用俯视角度进行拍摄，将其连绵不断、层峦叠嶂的山脉气势充分地展现出来

仰拍表现其质感

仰视角度结合较近距离的拍摄适于表现山川的质感及其高耸的形态。通过对山川独特质感的呈现，对造型、色彩上较奇特的山川局部特写，以加强画面的视觉冲击力。此外，仰视的角度拍摄使天空背景简洁，增添了画面的对比节奏关系，为纹理丰富而坚硬的山石寻找到一个反衬的背景，不仅可以衬托山石质感，还加强了整体画面的疏密节奏感。

← 采用仰视角度于较近距离进行拍摄，结合简洁蓝天的映衬，将造型奇异的山川质感鲜明地呈现在画面中

14mm ¦ f/11 ¦ 1/250s ¦ ISO 100

逆光表现山脉的线条感

逆光即光线投射的方向与镜头光轴方向相对且是来自拍摄对象后方的光线。逆光拍摄和顺光拍摄完全相反，拍摄的画面具有大面积的阴影区，因此影调偏暗，拍摄对象能够在画面中呈现出明显的明暗关系，特别适合于强调拍摄对象的轮廓形态。

使山脉呈现出交错、延绵的线条，强调视差感，形成一种走势延伸上的视觉和心理的矛盾性，从而激活画面，增加画面张力，得到具有抽象美感的画面效果。

逆光光线下，围绕着浓浓云雾的山脉呈深暗的剪影状，其起伏的线条被强化和突显

35mm ¦ f/11 ¦ 1/100s ¦ ISO 100

用后期完善前期：利用表面模糊分区降噪获得纯净山水剪影效果

日出日落时是拍摄剪影的最佳时间，但此时往往光线不够充足，导致画面容易出现较多的噪点，但此时的画面有相对较为简洁的特点，因此在进行降噪时，可以使用简单、快速的方法进行快速处理。

在本例中，主要是使用“表面模糊”命令对照片进行降噪处理，并结合图层蒙版功能，分别对照片的亮部与暗部进行降噪，以实现分区降噪，尽可能保留更多细节的目的。

详细操作步骤请扫描二维码查看。

原始素材图

处理后的效果图

侧逆光表现形体

侧逆光是指光线投射的方向与镜头光轴方向呈水平135°左右的光线，由于采用侧逆光无须直视光源，摄影者可以更加轻松地避免眩光的出现，同时曝光控制也容易一些。

采用侧逆光拍摄可以使被摄景物同时产生侧光和逆光的效果，如果画面中包含的景物比较多，靠近光源方向的景物轮廓就会比较明显，而背向光源方向的景物则会有较深的阴影。

这样画面中就会呈现出明显的明暗反差，产生较强的立体感和空间感，其形体也在画面中被强化了出来。

侧逆光光线下，画面的明暗层次丰富，前后的山脉形成了或浓或淡的半剪影效果，呈现出连绵不绝的效果

35mm | f/10 | 1/125s | ISO 200

侧光表现立体感

侧光是指投射方向与相机拍摄方向呈90°角左右的光线，使用侧光拍摄出来的画面呈现出明显的明暗效果，有非常强的立体感。

运用侧光拍摄时，在其照射之下的被摄物明暗反差较大，有明显的受光面、背光面及影子，从而获得影调丰富、质感强烈的画面效果。

侧光光线下，山体显现出了极为强烈的立体感，其形体被明亮的光线勾勒、强化了出来

200mm | f/8 | 1/250s | ISO 100

用前景让画面活起来

在拍摄各类山川风光时，总是会遇到这样的问题：如果单纯地拍摄山体总感觉有些单调。这时如果能在画面中安排前景，配以其他景物如动物、树木等作为陪衬，不但可以使画面显得富有立体感和层次感，而且可以营造出不同的画面气氛，大大增强了山川风光作品的表现力。

例如，有野生动物的陪衬，山峰会显得更加幽静、安逸，也更具活力，同时还增加了画面的趣味。再例如，在山峰的上端适当留白，利用蓝天白云充分展示画面的透视感，使大山有一种向上延伸的效果。

前景的河流增加了画面的动感，给人一种延伸到雪山下的潜意识，暮光的韵染使山水具有了生机与活力

18mm ¦ f/14 ¦ 2s ¦ ISO 100

利用V形构图强调山体的险峻

如果要表现山势的险峻，最佳构图莫过于V形构图，这种构图中的V形线条由于能够在视觉上产生高低视差，因此当观者的视线按V形视觉流程，在V形的底部（即山谷）与V形的顶部（即山峰）之间移动时，能够在心理上对险峻的山势产生认同感，从而强化画面要表现的效果。

在拍摄时要特别注意选取能够产生深V形的山谷，而且在画面中最好同时出现两三个大小、深浅不同的V形，以使画面看上去更活跃。

利用近景中山峰的V字形走势，衬托得远景中的雪山更加突出

36mm ¦ f/16 ¦ 1/320s ¦ ISO 200

加入湖水使画面形成对称式构图

在拍摄带有湖泊的山川风景时，如果只单纯地拍摄湖水或山川，会显得单调乏味，应当利用水面的倒影使名山大川更加美不胜收，蓝天白云、红日彩霞、山峦树林、沿岸楼阁，都会在湖面形成荡漾着的美丽倒影。山川实景的静和倒影的动形成虚实与动静的对比，营造出一种清新、爽朗、宁静的感觉，使画面具有对称美。

需要注意的是，拍摄对称构图的山脉时，画面的主体是山景，而不是水景，因此要注意控制山体在画面中的位置及面积的表现。

采用上下对称式构图进行拍摄，使画面中的景象显得十分宁静与平稳

18mm | f/16 | 0.6s | ISO 100

利用三角形构图突出山体的稳定

三角形是一种非常固定的形状，同时能够给人向上突破的感觉，结合山体造型结构采用三角形构图拍摄大山，在带给画面十足的稳定感之余，还会使观者感受到一种强的力度感，在着重表现山体稳定感的同时，更能体现出山体壮美、磅礴的气势。

采用三角形构图拍摄，将呈三角形状的山体置于画面中，以突显大山的稳定与沉稳

400mm | f/7.1 | 1/500s | ISO 400

选择云雾做陪体体现飘渺

当云雾笼罩时，视线会变得模糊不清，遮挡眼前景象的部分细节，使之产生朦胧的不确定感。将其纳入到画面中，会给画面带来一种神秘、飘渺的画面意境。

同时，飘渺清幽的云雾在山川间萦绕，使被遮挡的山峰更加飘虚，而未被遮挡部分则比较清晰、真实，加强了画面中的虚实对比。拉大了山与山之间的视觉距离，拓宽了画面的视觉深度，而虚实相生的效果更增添了画面的节奏感，体现出飘渺之感。

画面中云雾缭绕，将山体衬托得飘渺而脱俗

80mm ┆ f/7.1 ┆ 1/200s ┆ ISO 100

用后期完善前期：林间唯美迷雾水景处理

本例在曝光处理方面，主要是以提升画面各部分的对比为主，让其显现出清晰的层次，但要注意，对于雾气较浓的地方，可能会产生“死白”的问题，此时应充分利用RAW格式的优势进行恰当的恢复处理。在色彩处理方面，本例将原本以绿色为主的树木，调整成为以暖色为主的效果，以更好地突出画面的唯美意境。

详细操作步骤请扫描二维码查看。

原始素材图

处理后的效果图

利用树木作为陪体增添灵秀

有云雾的山显得缥缈，有树木的山显得灵秀，如果所拍摄的山中有郁郁葱葱的林木，应该在拍摄时将其作为主要陪体表现在画面中，甚至可以将其作为主体直接表现，而山则作为环境或背景出现。

如果拍摄时处在侧光条件下，则以表现树木的立体感、层次感及纹理结构为主；如果是顺光，则以表现树木的颜色为主；如果是逆光，则重要表现树木的轮廓外形，此时可以通过运用测光或曝光补偿的技巧，使树叶呈半透明的状态，使其相对暗的背景成为画面的亮点。

前景处的花丛不仅让山体更清秀，而且让人一看就知道拍摄季节

18mm | f/13 | 1/400s | ISO 200

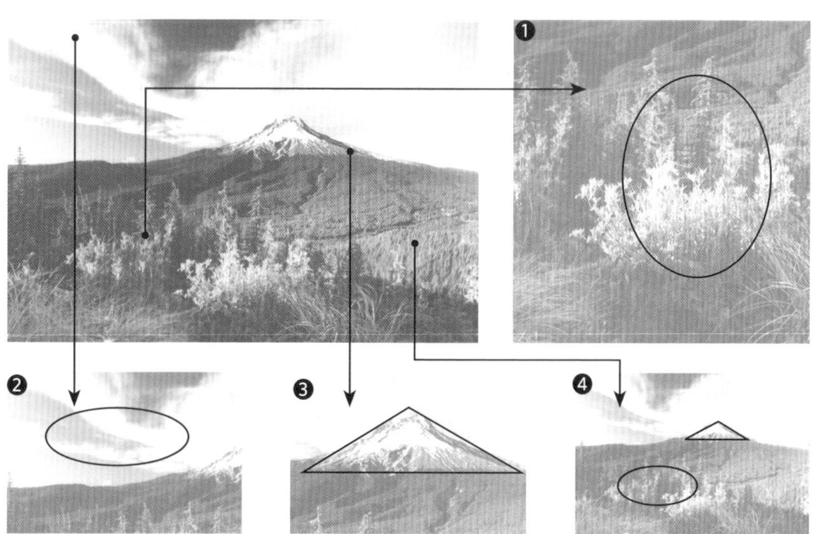

❶ 将绿树纳入画面中作为前景，既可以突出表现远山，又可以起到美化画面的作用
❷ 使用偏振镜过滤天空中的偏振光，使得天空更蓝
❸ 使用三角形构图表现雪山，使画面有一种稳定感
❹ 使用广角镜头进行拍摄，形成明显的透视效果，加强画面的空间感

12.3　水景拍摄的构图要点

用水平线构图展现其宽广

水平线构图使画面向左右方向产生视觉延伸感，增加画面的视觉张力，使视线左右移动。同时，水平线是所有线条中最静的，给整个画面带来舒展、稳定的感觉，能给观者宽阔、安宁、稳定的画面效果。

20mm ┆ f/10 ┆ 1/1000s ┆ ISO 100

70mm ┆ f/8 ┆ 1/250s ┆ ISO 100

采用水平线构图拍摄湖景，画面中的湖面与上下边框呈平行形状，从而产生一定的视觉延伸感

寻找视觉中心点

作为一幅成功的摄影作品，需要有一个明确的画面中心，即画面的兴趣点，其在丰富画面视觉和信息量的同时，也是吸引观者注意力的关键所在。宽阔的水面渐行渐远最后形成一条线消失在天边，以其为拍摄对象会使画面产生过于空泛的效果，这时，寻找一个精彩点来作为画面视觉焦点即可解决这一问题。

在淡蓝色的天空下，水面中呈点状出现的人物与动物成为画面的视觉焦点

75mm ┆ f/16 ┆ 1/250s ┆ ISO 100

用对称式构图表现湖泊的宁静感

对称式构图通常是指画面中心轴两侧有相同或者视觉等量的被摄物，使画面在视觉上保持相对均衡，从而产生一种庄重、稳定的宁静感、秩序感和平稳感。这种构图形式适合表现具有对称性形体的各种题材。

风光摄影中如果拍摄的是水景，将水面倒影纳入到画面中，以其与水面的交界线作为画面的中轴线进行对称取景，得到宁静感较强的对称式构图，可以说是对称式构图的典型应用。

← ↑ 采用上下对称式构图进行拍摄，使画面中的景象显得十分宁静与平稳

35mm ¦ f/11 ¦ 1/100s ¦ ISO 100

用后期完善前期：微暖色调的明镜水面

清晨时分拍摄水面倒影时，配合偏光镜可以拍摄出非常好的倒影效果。但此时往往天空中的云彩较少，画面显得略为单调。本例就来讲解对倒影类照片进行美化，并添加云彩的方法，使画面变得更加丰富、美观。

详细操作步骤请扫描二维码查看。

↑ 原始素材图

↑ 处理后的效果图

拍摄波光粼粼的水面

要想获得波光粼粼的水面，需要在逆光的条件下进行拍摄。明暗对比强烈的逆光场景有利于表现气氛，而角度越低则越有利于表现其光波起伏的层次感。

拍摄时既可以选择带环境背景的大场面突显其意境，也可以使用长焦镜头截取水面的小部分构成画面，突显其波光粼粼的线条在画面中的韵律之美。

拍摄时适合选择小光圈进行拍摄，既可以得到较大清晰范围的画面效果，同时还可以强调呈现其水面波光。同时将测光模式设置为点测光或局部测光，针对水面反光处的周围进行测光，以使反光更加明亮。

低影调的画面中闪亮的波光为画面增添了视觉感染力

85mm ┊ f/11 ┊ 1/250s ┊ ISO 100

纳入湖边飞鸟表现生机感

在拍摄湖景时，可以将飞翔在湖水上方的飞鸟纳入画面，以活跃画面，使画面中湖景的呈现更具和谐美、自然美。

拍摄时可以采用散点式构图进行拍摄，即在构图时以大场景的湖景作为画面背景，而飞鸟则在背景之上呈无规律散布。其疏密关系没有特定的规律可循，此种构图方式随机性很强，给人感觉十分随意、自然。

135mm ┆ f/11 ┆ 1/640s ┆ ISO 100

35mm ┆ f/11 ┆ 1/640s ┆ ISO 100

拍摄湖景时将白色的飞鸟纳入画面，使湖景更具动感与鲜活感

拍摄垂柳与小桥表现意境感

作为园林中不可或缺的点缀物垂柳和小桥，在拍摄以湖景为主体的画面中起到举足轻重的作用。

既可以美化湖景大环境，还可以增强湖景画面的生动性，从而避免产生单调的画面效果。

画面中的小桥、垂柳、湖面形成了一幅动人的小景致

75mm ┆ f/16 ┆ 1/250s ┆ ISO 100

12.4 瀑布

用竖画幅塑造其流动感

“飞流直下三千尺，疑似银河落九天。”李白的这句诗将瀑布美丽、壮观的气势表达得淋漓尽致。而要拍摄好瀑布，最关键的也是要将其气势表现出来，处理好动与静的关系。

慢速快门得到丝般质感

最常用的方法是使用小光圈、低感光度、慢门拍摄，这样拍摄出来的瀑布会呈现出如丝绸一般的效果。

近距离小场景拍摄可以表现瀑布水流的质感，广角拍摄大场景可以表现瀑布壮观、宏大的气势。

另外，为了获得相对较长的曝光时间而又不会使画面曝光过度，可以使用中灰渐变滤镜来减少射入相机镜头的曝光量。

在竖画幅中，完整地展现出瀑布的垂直高度与流向，通过与周边树木的对比，让人直观地感受到它的气势

20mm ┊ f/10 ┊ 1/1000s ┊ ISO 100

采用较慢速快门进行拍摄，呈现出如丝般质感的瀑布

35mm ┊ f/16 ┊ 1/10s ┊ ISO 100

通过体积对比体现瀑布气势

通过已认知事物的体量对比认识未知事物的体量，是人类认识事物的常用手段，这一方法也可以运用在摄影中。在拍摄瀑布时通过安排游人、游艇等事物，即可通过对比来了解瀑布的体量。

为了获得充分的对比，拍摄时应使用广角镜头，采用远景的景别进行构图，从而在画面中充分体现瀑布的全貌，以与游人产生充分的对比。

如果仅仅是截取瀑布的局部，根本无法让观者直观地感受到瀑布的壮观，所以可以在画面中安排人物，利用对比来体现瀑布的气势

23mm ¦ f/8 ¦ 1/50s ¦ ISO 100

通过特写表现精巧、别致的局部

大场景固然有大场景的气势，而小画面也有小画面的精致，因此拍摄自然风光时应该大小结合，从中寻找到不同的角度进行拍摄。例如，拍摄溪流或瀑布时，使用广角镜头表现其宏观场景固然不错。但如果条件不便、光线不好，也不妨用中长焦镜头，沿着溪流寻找一些小的景致，如浮萍飘摇的水面、遍布青苔的鹅卵石或落叶缤纷的岸边，采用特写的景别去表现，也能呈现出别有趣味的精致局部。

摄影者选择长焦镜头远距离拍摄水流的局部景象，从而获得细节清晰、影调细腻的雅致小景

135mm ¦ f/8 ¦ 10s ¦ ISO 100

35mm ¦ f/16 ¦ 8s ¦ ISO 100

12.5 云彩

以云作为画面中心

天空中云彩的变化是最反复无常的，利用云彩作为画面的中心可以延伸画面的空间感，产生宽广、深邃的视觉感受，让观者的视野顺畅，同时其变化多端的色彩也能添增画面的意境。

将天空中的云彩作为画面的中心在风光摄影中是常用的方法，可以利用天空中一些具有特殊光效、形状奇异或者色彩丰富的云彩作为画面的中心以达到有效地渲染画面气氛，调动观者的情绪。

18mm ┆ f/16 ┆ 1/125s ┆ ISO 100

10mm ┆ f/16 ┆ 1/100s ┆ ISO 100

↑ 采用较低水平线构图拍摄，天空占据较大面积，使多变的云成为画面中心

拍乌云注意用天边的亮色破除沉闷

在布满乌云的天气下拍摄，整个被摄体呈现出较灰暗的低影调效果，往往会出现过于沉闷的效果。为了解决这一问题，可以通过将天边冲破乌云遮掩的亮色纳入镜头，增强画面的明度对比。破除沉闷的同时，还使画面整体在视觉观看上更具跳跃感，光影效果更具奇幻感，从而更易引起观者的注意。

→ 摄影者拍摄乌云遮天的景象，并将地平线位置的亮色区域纳入画面，从而提高画面的光比

50mm ┆ f/11 ┆ 1/250s ┆ ISO 100

拍蓝天白云注重运用偏振镜

想要拍摄到纯净、洁白且又不失层次感的白云时，摄影师可以通过增强蓝天的饱和度，以此为衬托使白云更白。拍摄时在镜头前加装偏振镜，可以增加蓝天、白云等景物的色彩饱和度，使蓝天更蓝，使云彩变得更立体，同时画面的色彩也会更浓郁一些。

通过在镜头前加装偏振镜，使飘浮在湛蓝天空下的云朵更加洁白

35mm | f/16 | 1/125s | ISO 100

用后期完善前期：将惨白天空替换成为大气云彩

在拍摄风光照片时，若以地面景物为主进行测光并拍摄，则天空区域就可能因此而曝光过度，变为惨白色。本例就来讲解将这种失败的天空替换为大气云彩的方法，该方法也适用于一些天空灰暗或单调的情况。

在本例中，首先使用魔棒工具选中天空，再将准备好的云彩照片粘贴至该选区中，并结合变换功能适当调整其大小与位置。另外，由于本例中存在水面，为了让照片更显真实，还需要结合图层蒙版、混合模式等功能，为水面叠加较淡的水面倒影效果。

详细操作步骤请扫描二维码查看。

原始素材图

处理后的效果图

拍火烧云注意拍摄时间

拍摄风光照的黄金时刻主要集中在清晨和傍晚时分，此时有着柔和的光线、或色彩斑斓的天空。例如有着浓郁色彩、无穷变化的火烧云等，只要掌握好日出日落的时间，提前做好准备，耐心等待，就能拍摄到美丽、壮观的景象。

另外，对天气预报的关注是必要的，以避开多云、阴天的日子。

大面积的火烧云与少量的蓝天形成了较好的冷暖对比效果

50mm ┊ f/16 ┊ 1/250s ┊ ISO 100

用后期完善前期：壮观的火烧云

红艳似火的火烧云是每个摄影师都渴望拍摄到的最美景色之一，但由于时间、环境等多方面的限制，往往很难遇到各方面因素都完美的情况。本例就来讲解一个对严重偏色且曝光不均匀的照片，进行一系列校正处理，形成壮观火烧云的效果。

在本例中，主要是使用“色阶”命令中的灰色吸管，校正照片的偏色问题，然后再使用“曲线”命令，对不同的通道进行色彩和亮度调整，最后，本例还针对提亮照片后产生的噪点，进行了细致的优化处理。

详细操作步骤请扫描二维码查看。

原始素材图

处理后的效果图

用放射线构图营造动感

通常放射线构图可以归纳为三大类：其一，被摄对象自身造型即为放射状；其二，利用视觉透视借位或利用其自身运动结合慢速快门拍摄得到放射状的画面效果；除此之外，还可以利用拍摄时推拉镜头，从而创造出放射状构图样式。

放射线所形成的放射线条的节奏韵律和放射线条出发点的视点汇聚等都会给画面带来影响，可以增加画面的视觉张力，给画面增添动感。

这里有个小窍门，拍摄时摄影师可以通过调整曝光值或曝光补偿适当减少曝光量，以使画面中的云彩线条更加鲜明，从而使放射状云彩获得强化。

结合使用较慢的快门设置，将云彩的动态虚化效果凝固在画面中，从而产生具有动感趋势的放射线，加强画面动感的同时，使画面更具视觉张力

95mm ¦ f/22 ¦ 350s ¦ ISO 100

穿透云层的光线

在清晨或黄昏时段，当云霞遮挡住太阳的瞬间，光线会透过云层如同水花四溅一般。条条光线撒射在灰暗的天空中，非常奇幻，而要在短时间里准确地抓拍，需要提前掌握一些通用的技巧。

太阳光从云层中穿出，形成放射状光线，为平淡的画面增添了神圣感

20mm ¦ f/14 ¦ 1/250s ¦ ISO 100

首先，想要拍摄出光芒四射的效果，就要强化其四射的光线，这就需要选择光圈优先模式并设置较小光圈进行拍摄，以获得光芒四射的画面效果，同时还会将霞光的细微层次变化尽收入画面中。

而偏暗的环境加上小光圈的相机设置，配合较长时间曝光拍摄，三脚架是不可或缺的；其次，通常选择在逆光光线条件下拍摄则更易抓拍到穿透云层的光线，同时还可以使地面上景象呈简练的剪影状，弱化其在画面中的呈现，从而更有效地将观者视线集中在天空光线之上。

12.6 云雾

影调首选高调

高调画面通常是指其画面中主要包括了由纯白到纯黑层次变化中的白到中灰的区间层次。其画面上白色和浅灰色影调占据了较大部分，而少量的较重色块也不容忽视，其在画面中起到画龙点睛的重要作用。

高调多用于表现清雅、朦胧、纯净的画面感，而此处则运用雾霭的遮掩在被摄景象之上蒙上了高明度的雾气，从而获得影调较为白亮的视觉效果，在画面上呈现出高调的画面效果。

雾霭正浓时进行拍摄，大面积的浓雾使画面获得了高调效果

18mm ¦ f/11 ¦ 1/125s ¦ ISO 100

利用画面虚实转换与对比

拍摄云雾景象时，由于云雾的作用，使景物的清晰度大大降低，使万物处于一片朦胧之中。处理不好的话会降低画面的层次感，从而影响到画面的效果。

云雾弥散的景象中，位于前景中较近位置的物体在画面中呈现出较实的影像，而位于较远位置的物体在画面中则呈现出较虚的影像。此时，如果利用这一特点形成虚实的画面对比关系，可以有效地延伸画面的纵深感，增强视觉节奏感，使云雾景象更富于变化。

35mm ¦ f/11 ¦ 1/15s ¦ ISO 100

100mm ¦ f/14 ¦ 1/100s ¦ ISO 400

雾霭时浓时淡，将景象虚掩或直接掩盖，使之呈现出虚实相结合的景象效果，以突显出其飘渺、神秘的意境

通过线条塑造形体感与形式美

摄影者结合云雾景象特点，对眼前的景象加以提炼。雾气自下而上由浓转淡，将山体的下半部遮掩，只虚露出少部分的呈平行走向渐隐渐现的山脉线条。

摄影者正是利用这一特点进行拍摄，强化了线条在画面中的呈现，层层罗列的水平线条不仅突显了山脉的形体感，更突出呈现了层峦叠嶂的雾霭景象。

而且其层层叠叠的视觉效果，还使画面更具形式美感，而其与上下边框呈平行水平走势的山脉在画面中产生左右方向上的视觉延伸感，增加了画面的张力。

逆光拍摄山脉形成漂亮的剪影效果，高低起伏的山脉轮廓在雾气的作用下，或浓或淡，画面非常有美感

35mm | f/16 | 1/100s | ISO 100

层层叠加的山脉在云雾的虚掩下，山脉线条被强调、突显出来，呈现出其形体感的同时，获得了极具形式美感的画面效果

18mm | f/16 | 1/60s | ISO 100

12.7 冰雪

运用特写手法拍摄雪花精致的细节

要表现晶莹剔透的雪花，最佳的景别是特写，只有在这样的景别之下，雪花的颗粒感才更加明显。运用合适的光线，即可使雪花晶莹剔透的质感得到呈现。

以蓝天为背景仰视拍摄，逆光下的雪挂更显晶莹剔透

55mm ┆ f/8 ┆ 1/500s ┆ ISO 100

S形曲线构图表现雪地上的蜿蜒小路

很多情况下，蜿蜒的小路并不值得人们逗留与欣赏，更谈不上将其记录下来。但在雪后，整个大地都变得简洁起来，这些小路便在地面上形成了自己独特的轨迹，无论是人们行走留下的痕迹，还是低角度光线照射形成的阴影，都可以形成柔美的曲线，为观者带来视觉和心理的舒畅之感。

在具体拍摄时，可以根据需要采用不同的镜头进行拍摄，例如要拍摄的场景较宽广、积雪形成的S形曲线绵延较深远，可以使用广角镜头，从而在画面中夸张表现曲线的透视感觉；如果仅仅在整个拍摄场景中的某一个局部才有较漂亮的S形曲线，应该采用长焦镜头。

S形的道路增强了画面的层次感

20mm ┆ f/10 ┆ 1/500s ┆ ISO 100

通过对比突出表现雪景的线条美感

利用线条来拍摄雪原是比较高明的拍摄技法，无人的雪原会呈现出各种形态不同的雪堆。在侧光的照射下，其圆润的外形线条有时就如同女性曼妙的曲线，柔和而富有变化。在拍摄时可以根据需要，利用长焦镜头对这样的雪堆进行取景构图。

此外，未被白雪覆盖的树枝、茅草等对象映衬在洁白的雪上后，也能够呈现出与众不同的线条美。在取景拍摄时可以采取俯视的角度以雪地为背景，从而以白色的背景反衬其深色的线条。

在侧逆光下，被白雪覆盖的山丘呈现出高低起伏的线条感，画面很有形式美感，而画面中小小的登山者则成了点睛之笔

70mm ┆ f/8 ┆ 1/320s ┆ ISO 200

逆光拍摄使冰雪更晶莹剔透

拍摄高亮度冰雪时，丰富的细节、晶莹剔透的质感呈现是非常重要的。为了更好地表现冰雪细微晶体物的细节，除了精准控制曝光量、缩小光圈，还需在光线和背景方面进行选择。

首先，适宜选择逆光光线下进行拍摄，在其光线之下冰雪细微的明暗变化会被加强，增强立体感。

其次，背景的选择上，可以考虑带有强烈色彩感的背景，例如清晨时段低色温的冷蓝色影调，可为冰雪镀上一层瑰丽的色彩，增强画面整体的感染力。

在逆光光线下进行拍摄，使冰雪晶莹剔透的质感在画面中获得了较好的呈现

95mm ┆ f/3.5 ┆ 1/125s ┆ ISO 100

运用冷色调让白雪看上去更白

在表现白雪时，冷色调的应用可以有效地突显出雪花的纯白与洁净之感。在拍摄时，摄影者可以通过将湛蓝色天空纳入画面以使画面呈冷色调，同时也可以通过调整相机白平衡设置来获得冷色调，例如钨丝灯白平衡模式即可使画面获得冷蓝色影调，使白雪看上去更白。

在散射光下，雪地呈淡蓝色调，画面让人感觉很寒冷

75mm ┆ f/11 ┆ 1/125s ┆ ISO 100

结合现场光线并通过相机的白平衡设定，从而获得冷蓝色的高色温影调，将白雪衬托得更加洁净

105mm ┆ f/16 ┆ 1/250s ┆ ISO 100

用后期完善前期：通过色温与HSL调整出夕阳雪景的冷暖对比效果

冷暖对比是比较常用的一种色彩表现形式，尤其在风光摄影中，夕阳下的暖光与背面处自然形成的冷调可以形成鲜明的对比，从而增加照片的视觉冲击力。但在拍摄时，可能会由于天气环境、相机参数设置等原因，摄影者往往无法拍到好的对比色效果，此时就可以通过后期处理进行适当的润饰处理。

详细操作步骤请扫描二维码查看。

原始素材图

处理后的效果图

12.8 闪电

确定合适的地理位置

雷电交加是最让人恐惧的自然现象，漆黑的夜空被瞬间的强光撕裂，很容易使人毛骨悚然。拍摄者应该充分利用多变的自然天气所创造的独特景观，多方面、全方位地展现大自然的魅力。

在拍摄时首先要保证自身和相机的安全，然后观察闪电，摸清其流动方向，根据观察到的闪电在天空中的方位来确定拍摄位置。

分别采用横、竖画幅抓拍闪电的画面，条条刺眼的光线划破深沉的天空，使天空呈现出奇异的色彩

20mm ¦ f/16 ¦ 30s ¦ ISO 100

确定恰当的曝光模式与测光模式

在拍摄闪电前应先调整好相机的设置，拍摄时较多选用B门进行长时间曝光拍摄。由于多是在漆黑的夜里进行拍摄，因此即使用B门进行长时间曝光，景物在画面中也不会出现曝光过度的情况。

在正式拍摄之前可选用点测光模式针对天空闪电处亮度均匀区域进行测光，而后在闪电出现之前，用镜头对准可能出现闪电的天空区域，打开B门开始等待闪电的出现，适度曝光之后释放快门，即可拍摄到惊心动魄的电闪雷鸣画面。

恰当的曝光控制将地面景象与天空完美地融合在一起，天空中灰紫色的光晕和明亮的闪电光条为画面增添了奇幻色彩

18mm ¦ f/11 ¦ 1/150s ¦ ISO 100

12.9 日出日落

拍摄海面上有倒影的太阳的构图技巧

如果隔着水天相接的水面拍摄日出或日落，当太阳跃出水面或下沉接近水面时，会在水面上看到太阳倒映出一条耀眼的光带，在水波晃动的情况下，会使这一光带呈现出闪烁的星光，景色迷人。这一光带的颜色通常呈现为金黄色或红色，欣赏时所处的位置越低，太阳越靠近水面，光带越长。

拍摄这种美景时，不应该仅仅以光带和太阳进行构图，还应该在画面中加入渔人、舟船、飞鸟或游禽等构图元素，意境更高远，更具美感与诗情画意。

利用竖向构图将太阳在海面中长长的倒影也纳入画面中，结合氤氲的雾气，画面很有朦胧的美感

200mm ┊ f/8 ┊ 1/500s ┊ ISO 100

利用影子增加太阳画面的纵深感

拍摄太阳时，为了增强画面的纵深感，最简单的方法就是采用竖画幅的构图形式，并采用稍低一些的视角，从而使前景与背景之间的空间跨度更大，进而增强画面的纵深感。

另外，最通用的方法就是在前景中安排一些元素，利用前后对比的方式拉大画面的视觉空间距离，使画面看起来空间感明显，有透气感。

摄影师借助这一技巧，为较为明亮的日落背景寻找一个对比强烈的深暗前景，继而拉开其前后视觉的空间距离，得到深远的空间效果

18mm ┊ f/16 ┊ 1/90s ┊ ISO 100

寻找画面前景衬托太阳

从画面构成来讲，拍摄日出和日落时，不要直接将镜头对着天空，这样拍摄出的照片显得单调。可借助于前景增加画面的空间感和层次，同时也可以渲染画面的意境，进而增加画面的感染力。如树木、山峰、草原、大海和河流等景物都可以作为前景，以衬托日出或日落时特殊的氛围。

但同时要注意，前景应该以简洁、衬托主体为目的，一定不要过于杂乱，进而影响画面整体的效果。

利用水边的木栏投影作为画面的前景，可起到增强画面空间感的作用，避免画面空荡无物

16mm ┊ f/9 ┊ 1/320s ┊ ISO 400

低水平线构图为太阳留下上升空间

拍摄日出的画面时，可以利用地平面来表现太阳的上升感。大面积的天空可以为太阳上升的趋势留下空间。另外，如果在海面上进行拍摄，还可以利用海面上的反射光线与日出相呼应，使画面显得更加深远而广阔。

天空中云层的衬托使画面形成非常有魅力的光影，以竖画幅低水平线构图拍摄，使太阳给人一种即将冉冉升起的感觉

31mm ┊ f/6.3 ┊ 1/640s ┊ ISO 320

拍摄夕阳时可加入一些剪影丰富画面

拍摄夕阳时为了丰富画面内容可以加入一些剪影来充实下画面。如下图，在夕阳的照片中加入了一些高低错落的城市剪影，让画面中的内容更饱满。红红的落日镶嵌在城市的剪影处，显得更加红艳，整张照片看起来也很有生活气息，非常温馨。

参差不齐的城市建筑在画面中形成剪影效果，丰富了日落画面

70mm ┊ f/8 ┊ 1/1250s ┊ ISO 200

拍摄霞光万丈的美景

日落时，天空中霞光万丈的景象非常美丽，是摄影者常表现的景象。为突出霞光的感觉，应尽量选择小光圈，这样可以更好地记录透过云层穿射而出的光线。利用曝光补偿可以提高画面的饱和度，使画面呈现出更加鲜艳的色彩。

阳光透过云彩形成了霞光万丈的景色，金色云层有种神奇的魅力

96mm | f/20 | 1/100s | ISO 10

用后期完善前期：为照片添加霞光效果

在本例中，主要是结合“曲线”“色阶”及“可选颜色”命令调整照片的色调，并结合径向模糊、颜色填充及图层混合模式等功能，制作放射状的光线效果，并改变照片光线的色调。

详细操作步骤请扫描二维码查看。

原始素材图

处理后的效果图

用长焦镜头拍摄特写大太阳

通常在拍摄太阳画面时，由于太阳的距离较远，在画面呈现中所占据的画面比例非常小，通常在标准的35mm幅面的画面上，太阳的大小只是焦距的1/100；如果使用50mm标准镜头，太阳大小为0.5mm；而如果使用200mm 的镜头，则太阳大小为2mm，以此类推。当使用400mm长焦镜头时，太阳的大小就能达到4mm，在这里摄影师使用长焦镜头将太阳在画面中放大，突出主体的同时，增强了画面冲击力。此外，摄影者还可将前景处的景象也纳入到画面中，以丰富画面视觉，使画面更加生动，有意境。

另外，由于使用长焦镜头或者镜头的长焦段进行拍摄，焦距较长，微微的抖动都会影响画面的清晰度，因此在拍摄时对相机的稳定性有着较高的要求，摄影者需要考虑配合使用三脚架进行拍摄。

利用长焦镜头拍摄的画面中太阳所占的面积很大，白平衡设置为阴影模式，使画面中的火红色更加浓郁，也衬托着大太阳的日落画面更有氛围感

300mm | f/8 | 1/1250s | ISO 100

既有微妙变化，也有天地一色

在日出日落时段拍摄焕彩天空时，摄影者可以适当地减少一两挡的曝光补偿，使色彩更加浓郁，从而使其中微妙变化有效突显。

同时，还可以借助加强画面景象明暗对比关系的方法突显其微妙的色彩变化。

在拍摄时可以选择在逆光光线条件下进行拍摄，并针对天空光源处亮度均匀区域测光，使前景处景象呈深暗的剪影状。

太阳位于地平线位置，其对于周边天空的映射力十分强大，不仅使天空呈现出由近及远的渐变映射效果，同时对于地面的景象也有着较强的影响。这时，摄影者可以选择前景有水面的位置进行拍摄，可以获得水天一色的画面效果，使整个画面都沉浸在橘色的低色温影调之中。

摄影者对略微曝光不足的画面中前景的景象进行弱化，突出呈现水天相接处曼妙的色彩变幻

18mm ┊ f/11 ┊ 125s ┊ ISO 100

35mm ┊ f/11 ┊ 1/800s ┊ ISO 100

28mm ┊ f/11 ┊ 1/640s ┊ ISO 125

这两张照片都是利用水面映射天空色彩，使画面的主色调呈金黄色，再加入地面景物丰富画面

用后期完善前期：唯美紫色调日出效果

在本例中，首先是使用“自然饱和度”调整图层初步美化整体的色彩，然后结合“曲线”调整图层和图层蒙版等功能，对水面及天空高光的色彩进行局部美化，最后，再结合“亮度/对比度”“阴影/高光”等功能，对细节进行优化即可。

详细操作步骤请扫描二维码查看。

↑ 原始素材图

→ 处理后的效果图

用后期完善前期：模拟金色夕阳效果

在本例中，主要使用“渐变映射”命令，为照片叠加新的色彩，以创建金色夕阳的基本色调，然后再使用“可选颜色”命令图层蒙版进行细致的色彩调整，以获得更佳的效果。另外，由于照片亮度有较大的提高，原本昏暗的照片中显露出较多的噪点，因此还使用了“表面模糊”滤镜对其进行修复处理。

详细操作步骤请扫描二维码查看。

↑ 原始素材图

→ 处理后的效果图

12.10　草原

利用宽画幅表现壮阔的草原画卷

虽然，用广角镜头能够较好地表现开阔的草原风光，但面对着一望无际的草原，只有利用超长画幅才能够真正给观者带来视觉上的震撼与感动。超长画面并不是一次拍成的，通常都是由几张照片拼合而成的，其高宽比甚至能够达到1：3或1：5，因此能够以更加辽阔的视野展现景物的全貌。

由于要拍摄多张照片进行拼合，因此在转动相机拍摄不同视角的场景时，应注意彼此之间要有一定的重叠，即在上一张照片中出现的标志性景物，如蒙古包、树林、小河，应该有一部分在下一张照片中出现，这样在后期处理时才能够更容易地将它们拼合在一起。

这幅横画幅草原画面是由8张照片拼合而成的，大景深的画面看起来视野较广，色调清爽，给人平静、安逸的感觉

利用牧人、牛、羊使草原生机勃勃

要拍摄辽阔的草原，画面中不应仅有天空和草原，这样的照片会显得平淡而乏味，必须要为画面安排一些能够带来生机的元素，如牛群、羊群、马群、收割机、勒勒车、蒙古包、小木屋等。

如果上述元素在画面中的分布较为分散，可以使用散点式构图，拍摄散落于草原之中的农庄、村舍、马群等，使整个画面透露出一种自然、质朴的气息。如果这些元素分布得不太分散，则应该在构图时注意将其安排在画面中的黄金分割点位置，以使画面更美观。

湛蓝的天空下碧绿的草原上，星星点点散布着一群羊和以斜线形式排列的树木，将这些元素加入照片，使辽阔的草原充满生机，树木的斜线构图使画面富有动感

105mm ┆ f/3.5 ┆ 1/3200s ┆ ISO 200

用S形曲线构图表现现代化的道路

S形曲线构图能给人带来一种优美的感觉，它使画面有柔和的感觉，富于变化，引导观者视线随之蜿蜒转移，呈现舒展的视觉效应。

而在具体拍摄时，摄影师可以采用全景构图将大面积景象纳入画面，利用其弯曲的道路贯穿整个画面，让画面形成S形曲线构图，从而打破单一，产生优美的韵律感。

将现代化的道路纳入镜头，其弯曲的走势使画面在视觉空间上获得一定的延伸

70mm ┆ f/11 ┆ 1/125s ┆ ISO 100

12.11 树木

垂直构图表现其挺拔

垂直构图拍摄树木使其树干与画面边框呈平行状，从而使树木直立的线条在画面中被强化出来。增加其竖线条力度的同时，还使其在画面上下方向上产生视觉延伸感，使画面具有形式美感的同时，还使画面中的树木显得更加高大、挺拔。

使树干在画面中与左右边框呈平行状，在视觉上产生上下的延伸感，使其在画面中显现得更加高大、挺拔

70mm ┆ f/5.6 ┆ 1/160s ┆ ISO 100

仰视呈放射线构图，展现其生命力

以仰视视角进行拍摄可以使树木在画面空间上产生放射线状的视觉透视感，从而获得更多的纵深感。不仅增强其挺拔的视觉特点，增加画面张力，同时还彰显出其强大的生命力。

采取仰视拍摄，以简洁的蓝天作为背景，突显前景处呈放射状的树木，彰显出其生命力

75mm ┊ f/11 ┊ 1/60s ┊ ISO 100

对比的手法突出树木

拍摄树木时，为了使其在画面中更加突出，可以借助如虚实、明暗、色彩、大小等对比的方式。

在风景摄影中常涉及颜色，在色彩丰富的大自然中，利用颜色之间的对比是形成对比最容易的方式，如黑与白、红与绿、黄与蓝等。在构图中通过将形成颜色对比的景物安排在最恰当的位置，可以形成画面的视觉重点。也可以直接利用构图元素之间固有的体积大小进行对比，以突出树木等。

利用白雪与黑色树干的对比来突出树木，树干上斑驳的积雪使画面更加丰富，也突出了树木的苍劲质感

70mm ┊ f/4 ┊ 1/100s ┊ ISO 100

剪影构图展现其外形

剪影效果可以淡化被摄体的细节特征，而强化被摄主体的形状和外轮廓。树木通常有着精简的主枝干和繁复的分枝干，摄影者可以借用树木的这一特点，选择一片色彩绚丽的天空作为背景衬托，将前景处的树木做剪影效果进行处理。树木枝干密集处呈现出星罗密布，大小枝干互相穿梭，枝干就如绘制的精美图案花纹一般，稀疏处呈现俊朗秀美的外形效果。

前景中呈深暗剪影的树木主干与繁密的枝干在视觉上形成了疏密对比关系，从而使画面在强调其树木外形之余，还获得了较好的节奏感

35mm ¦ f/16 ¦ 1/125s ¦ ISO 320

用后期完善前期：蓝紫色调的意境剪影

在本例中，首先是为照片设置了一个“相机校准”，以利于后面的色彩调整。然后结合“基本”和渐变滤镜工具对照片中的蓝色和紫色分别进行强化处理。另外，由于拍摄本照片的相机的感光元件上覆着了灰尘，导致画面存在一些斑点，因此在最后还需要将它们修除。

详细操作步骤请扫描二维码查看。

原始素材图

处理后的效果图

放射线构图表现林间的穿透阳光

穿透树叶的“耶稣光”，是拍摄树林的固定题材之一。要拍摄到这样的效果，在构图方面应该将光源安排为画面的视觉重点，使光线在画面中形成放射线构图效果。

此外，在用光方面要注意选择逆光方向拍摄，随着太阳的位置不断发生变化，穿透树叶的光线造型也会发生变化，摄影师应该拍摄不同时间段的光线，从中择优选取。在曝光方面，可以以林间光线的亮度为准拍摄出暗调照片，以衬托林间的光线；也可以在此基础上，增加一两挡曝光补偿，使画面多一些细节。

在强烈的直射光照射下，金色的光线为树林蒙上一层朦胧的感觉，由于利用小光圈，并通过树木对光线的遮挡而形成漂亮的耶稣光效果，画面给人以唯美的感觉

75mm ┊ f/9 ┊ 1/12s ┊ ISO 100

用后期完善前期：模拟逼真的丁达尔光效

在茂密的树林中，常常可以看到从枝叶间透过的一道道光柱，类似于这种光线效果，即是丁达尔效应。在实际拍摄时，往往由于环境的影响，无法拍摄出丁达尔光效，或是效果不够明显。本例就来讲解通过后期处理制作逼真丁达尔光效的方法。

详细操作步骤请扫描二维码查看。

处理后的效果图

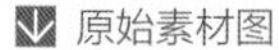

原始素材图

第13章

花卉摄影构图技巧实战

13.1 选择合适的拍摄角度

俯视拍摄花卉，简单中仍有技巧

俯视拍摄花卉是最普通的一种视角，看似简单，但在拍摄时对色彩、构图及选景等方面都有很高的要求，否则简单的画面会让人感觉太过普通。

使用俯视角度拍摄花海或单朵花时，其内容表现要有序或有趣，比如带有一定韵律的排列方式和对称式的造型等。换句话说，除了对摄影技术的要求外，对花卉的造型也有着非常严格的要求。在测光方式上，建议尽量采用中央重点测光或者平均测光，由于是俯视，主体一般都会受光均匀。

取花田的纵向纹理，利用透视的角度将其纹理线条表现为具有放射状的画面效果

20mm ¦ f/11 ¦ 1/320s ¦ ISO 100

使用广角镜头以俯视的角度拍摄花海，结合花海的走向使画面更具纵深感。拍摄时尽量选择小光圈，这样画面的清晰范围较大

16mm ¦ f/14 ¦ 1/13s ¦ ISO 200

仰视拍摄花卉更精彩

仰拍花卉可以把花卉拍得很高大。在拍摄时要有弄脏衣服和手的心理准备，因为许多花朵的位置非常低，为了获得足够好的拍摄角度，可能要把相机放得很低，而眼睛还要通过相机的取景器来观察取景。这样做起来是很困难的，但为了能拍出好照片，一切都是值得的。如果使用的相机有翻转液晶显示屏，则可以通过不同角度的翻转屏显示要拍摄的对象，避免趴在地上进行拍摄的尴尬。

另外，在仰视拍摄时，以蓝色的天空作为背景，很容易获得背景纯净、主体突出的画面。

以仰视角度拍摄的花丛照片，在广角镜头的配合下，使花朵向上生长的趋势呈放射线构图，取得了不错的视觉效果

26mm ¦ f/11 ¦ 1/200s ¦ ISO 200

平视拍摄花卉最自然

大部分情况下，人们都是以俯视的角度进行拍摄的，因此难免显得平淡，最能够解决这一问题，且拍摄难度又不如仰视那样高的视角，无疑就是平视了。虽然没有仰视那样夸张的视觉效果，但平视角度下的自然效果，会让人产生亲切的感受。在拍摄之前，可以蹲下来观察。为了方便构图，最好使用三脚架。

平视角度拍摄花朵会给人一种亲切感。利用大光圈在突出主体的同时，获得了漂亮的虚化背景

200mm ¦ f/4 ¦ 1/400s ¦ ISO 100

13.2 利用不同背景突出主体

暗调背景

暗调背景也有着低彩度的色彩特性，也可以使前景中的花朵在画面中被强调出来，使花朵的色彩在画面中显现出较为浓艳而又魅惑的独特气质，营造出一种深沉、神秘的画面意境。

10mm ┆ f/5 ┆ 1/200s ┆ ISO 320

85mm ┆ f/2.8 ┆ 1/250s ┆ ISO 100

暗调背景下的花朵看起来非常突出

用后期完善前期：调出纯净的暗调效果

暗调（低调）照片指的是画面以暗调为主的照片，往往需要在大光比情况下，对照片的亮部进行测光并拍摄，此时可能会由于测光不准或不恰当的曝光补偿，导致画面不够纯净，且存在曝光问题。本例就来讲解调整出纯净暗调照片效果的方法，

详细操作步骤请扫描二维码查看。

处理后的效果图

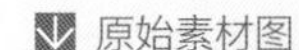

原始素材图

亮调背景

白色背景不仅可以强调出花朵的形体结构，而且其低彩度也可以将花朵的色彩衬托得更加鲜明，在画面中营造出一种清新、雅致的效果。

60mm ¦ f/5.6 ¦ 1/160s ¦ ISO 100

35mm ¦ f/4 ¦ 1/125s ¦ ISO 100

↑ 高调背景下的花朵看起来更加纯洁、雅致

天空背景

以蓝天为背景拍摄是较常见的，娇艳的花朵被色彩纯净的蓝天白云所映衬，给人一种心旷神怡的舒适感，除此之外，还能有效地避开很多地面附近的杂乱元素，突出主体花朵。想要获得以蓝天为背景的画面，在拍摄时应尽量放低机位以较低的视角进行拍摄。

→ 放低视角拍摄花卉，在蓝天背景的衬托下，红黄相间的花朵在画面中非常醒目

50mm ¦ f/5.6 ¦ 1/250s ¦ ISO 100

虚化背景

如果在拍摄中无法躲开较为杂乱或与主体表现无关的背景时，可以选择使用大光圈进行拍摄，将杂乱、繁复的背景虚化掉，以便突出主体花朵。同时，虚化的背景在画面中还可以起到渲染意境、衬托主体的作用。

大光圈将背景虚化成朦胧的效果，使前景的花朵得到了突出

75mm | f/2.8 | 1/250s | ISO 100

13.3 尝试所有可能的构图方法

利用散点式构图表现星罗棋布的花丛

散点式构图是指将多个点有规律地呈现在画面中的一种构图手法，其主要特点是“形散而神不散”，特别适合于拍摄大面积花卉。采用这种构图手法拍摄时，要注意花丛的面积不要太大，分布在花丛中的花朵必须很突出，即花朵要在颜色、明暗等方面与环境形成鲜明对比，否则没有星罗棋布的感觉，也无法在花丛中突显出想要表现的主体花朵。

以散点式构图平视拍摄花朵，具有极强的动感，使观者仿佛直接看到了生命的气息

83mm | f/4.5 | 1/500s | ISO 400

三分法构图拍摄花丛

三分法是经典的构图方法之一，在拍摄花丛时，可以使花丛占据画面的三分之二，天空或其他区域占画面的三分之一，这样会使画面的比例显得很平衡，在视觉上也会很舒服。可以先取花丛的纵向纹理，利用透视的角度将其纹理线条表现为具有放射状的画面效果。

↑ 在使用横画幅拍摄时，将花朵置于画面的左侧或右侧三分线位置，在拍摄竖画幅时，将花朵置于画面上方或下方三分线位置，这种三分法构图可以给人平衡、不呆板的感觉

90mm ¦ f/2.8 ¦ 1/180s ¦ ISO 100

↑ 三分法是经典的构图方法之一，在拍摄花丛时，可以使花丛占据画面的三分之二，天空或其他区域占画面的三分之一，这样会使画面的比例显得很平衡，视觉上也会很舒服

35mm ¦ f/8 ¦ 1/1000s ¦ ISO 100

斜线构图使花朵更生动

斜线构图法常用于花卉摄影，要想让画面产生充满活力的动感，用斜线构图是最有效果的。拍摄时可以利用植物的倾斜感或直接倾斜镜头形成斜线构图，以营造出动感、生动的效果。拍摄花丛时，也可以利用花丛的纹理、色彩等形成斜线构图，将画面分成了两个或多个部分，在一定程度上可以营造出延伸感和安定的氛围。

→ 拍摄花丛时，可以利用花朵之间的色彩形成斜线构图，这种色彩分割式构图将画面分成了多个部分，在一定程度上可以营造出安定的氛围

36mm ¦ f/10 ¦ 1/200s ¦ ISO 100

放射线构图极具视觉张力

拍摄花朵时，有很多种方法可以形成放射线构图，例如花丛的纵向纹理，选好透视的角度利用广角镜头拍摄具有放射状的画面效果；另外，还有很多花的花瓣、花蕊也都是自然的放射线构图。放射线构图拍摄花朵可以使画面极具张力。

利用广角镜头拍摄花丛，形成放射线构图。广角镜头拍摄规则的花田时，寻找到合适的线条角度，可以将花田的线条拍摄成放射线构图，并获得较强的透视感

20mm | f/11 | 1/200s | ISO 200

用中心构图突出主体

中心构图是将被摄体置于画面中央的构图方式，采用中心构图可以以花朵为重点，也可以兼顾花朵表现的同时，还将其与所处的环境呈现在画面中。

花朵位于画面的正中心，紧紧抓住观者的视线

50mm | f/2.2 | 1/400s | ISO 160

第14章

城市建筑摄影构图技巧实战

14.1 建筑摄影构图的取景要诀

不同焦距的表现效果

在拍摄楼宇大厦时，根据所要表达的画面感觉，可以选择不同的焦距进行拍摄。

一般来说，广角镜头的透视比例关系夸张了画面的纵深感，可以拓展透视空间，增强画面的视觉冲击力，但同时会产生正向透视畸变，适合拍摄建筑群或追求视觉冲击力的表现效果；中焦镜头则能够按照人类的视觉习惯，还原建筑物的特征，画面表现真实、平稳；长焦镜头会产生反向透视畸变，压缩画面透视的纵深感，适合表现建筑物有特点的局部。

28mm ¦ f/11 ¦ 6s ¦ ISO 200

70mm ¦ f/11 ¦ 5s ¦ ISO 200

200mm ¦ f/11 ¦ 8s ¦ ISO 200

采用不同焦距在同一地点拍摄同一个建筑的效果，三张图片的焦距分别为28mm、70mm、200mm，画面所囊括的信息量依次减少，而所能表现出的细节内容依次增加

仰视角度拍摄高大的建筑物，广角的透视效果强化了建筑的高大、纵深感

17mm ¦ f/8 ¦ 3.2s ¦ ISO 100

不同视角的表现效果

由于建筑具有不同于其他拍摄题材的特点，所以不同拍摄视角所表现出的效果会更加明显。

在拍摄高大挺拔的建筑时，仰视拍摄是最常见的角度，可以表现出建筑的雄伟和挺拔。此时由于画面的透视性，使建筑物的线条形成向上急速汇聚的趋势，这种趋势不仅增强了画面的纵深感，而且更好地表现了建筑物高耸的感觉。

在拍摄有韵律结构或轮廓优美的建筑时，可以在离建筑较远的地方或在与被摄建筑同等高度的位置进行平视拍摄，以得到最接近常人视觉的画面。

当站在制高点以俯视角度拍摄建筑时，层层叠叠的建筑群可以表现出纵深感和繁华气氛。

↑ 近距离结合超广角仰视拍摄大厦呈现变形，将双子大厦的高大表现得淋漓尽致

17mm ┊ f/10 ┊ 1/125s ┊ ISO 100

↑ 在高处垂直俯视拍摄建筑群，使建筑呈现出上大下小的透视效果，使画面形式感增强。俯视拍摄展现出建筑的独特的韵律美，这种美是我们平时很少能看到的，所以更加吸引人的视线

23mm ┊ f/11 ┊ 1/200s ┊ ISO 100

拍摄角度影响被摄景物的空间

在风景摄影中，针对现代建筑、古代建筑、石碑和雕塑这些有前后之分的对象进行拍摄时，拍摄角度可分为正面方向、侧面方向和背面方向。

采用正面方向拍摄可以较好地表现被摄景物的正面形象，给人以庄严、稳重的感觉，但也容易使景物缺乏空间感和立体感。

采用侧面方向拍摄通常可以较为理想地表现出风景摄影中不可或缺的空间立体感。

采用背面方向进行拍摄的情况较少，因为多数拍摄效果并不理想。

↑ 正面拍摄建筑并以蓝天为背景，黄色的建筑与蓝色的天空形成颜色对比，使建筑物在画面中更突出

20mm ┆ f/13 ┆ 1/100s ┆ ISO 100

↑ 从侧面表现大桥，这样的拍摄角度很适合表现大桥这类较长的建筑物，可避免画面呆板，还能增加画面的空间感

50mm ┆ f/18 ┆ 32s ┆ ISO 100

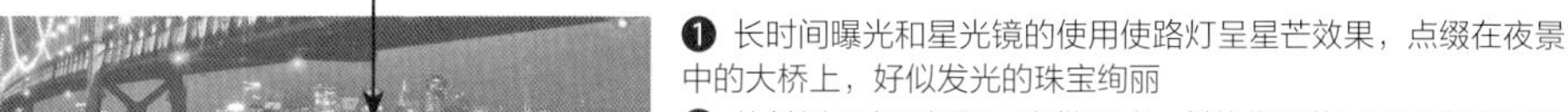

❶ 长时间曝光和星光镜的使用使路灯呈星芒效果，点缀在夜景中的大桥上，好似发光的珠宝绚丽

❷ 从斜侧面表现桥梁更有纵深感，斜线构图使画面更有空间感

❸ 远景中的城市与桥梁相呼应，使画面更丰富，同时交代了桥梁的环境位置

寻找特殊的主体元素

留心观察，寻找一些特殊的元素作为拍摄主体，不仅能够增加拍摄的乐趣，或许还会意外收获别出心裁的佳作。

选取玻璃上倒映出的建筑影像的一角进行拍摄，画面表现形式新颖且色彩鲜艳

200mm ┊ f/5.6 ┊ 1/320s ┊ ISO 100

背景的选择

在拍摄建筑时，可能会遇到很杂乱的背景，影响主体的表现。放低机位，以蓝天为背景仰视拍摄，是个非常不错的选择。

纯净的天空衬托出大殿的金碧辉煌，画面形成冷暖对比，容易吸引观者的视线

24mm ┊ f/8 ┊ 1/320s ┊ ISO 100

用后期完善前期：将灰暗建筑照片处理得色彩明艳

在晴天拍摄户外建筑时，常常会受到环境的影响，再加上相机设置的因素，导致拍摄出的照片显得色彩灰暗。尤其在建筑与环境的色彩差异较大时，更是难以准确设置白平衡，获得恰当的色彩。

在本例中，首先使用“阴影/高光”命令优化暗部的细节，再结合“亮度/对比度”“自然饱和度”“选取颜色”等调整图层，对照片中各部分的色彩进行优化即可。

详细操作步骤请扫描二维码查看。

原始素材图

处理后的效果图

14.2 现代建筑的构图要点

水平线构图拍摄建筑

水平线构图法拍摄建筑可以使画面富有一定的静态美和稳定感，在视觉呈现上更具有直观性，适合于展现建筑的全貌。

采用水平线构图拍摄有夸张造型的建筑，使其在视觉上呈现出一定的静态美

50mm ┆ f/11 ┆ 1/125s ┆ ISO 100

垂直线构图拍摄建筑

垂直线多给人以坚定、威严、高耸的感觉，在建筑摄影时常常用其强化、表现被摄建筑的威严感和坚实感。

75mm ┆ f/8 ┆ 1/250s ┆ ISO 100

50mm ┆ f/11 ┆ 1/320s ┆ ISO 100

采用垂直线构图拍摄建筑，利用其建筑石柱和整体外形在画面中构成垂直线状以突显其威严感与坚实感

螺旋线构图拍摄建筑

螺旋线兼具曲线和圆形线的特点，给人富于变化的视觉感受。同时回旋的曲线线条在画面中还具有增强画面层次、丰富画面视觉的效果。

该种构图形式多用于俯视角度拍摄建筑内部螺旋状的楼梯，获得较大空间的同时，也使画面具有装饰美感。

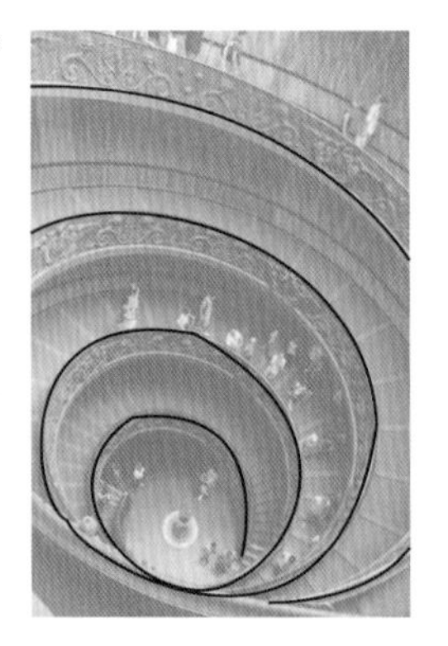

曲线造型的扶梯向画面中心点回旋延伸，形成了不失动感的和谐画面

35mm ┆ f/8 ┆ 1/250s ┆ ISO 100

框架式构图拍摄建筑

框架式构图拍摄建筑是利用拍摄现场的框架式景物将被摄主体建筑框定在框景内，通过添加前景的办法，赋予画面节奏感。

将单调重复的主体分割，为画面增加变化，还可以通过边框引导观者视线，让主体建筑的地位更突出，同时还可以压迫和引导观者的视觉走向，使观者产生很强的现场感，使简单的画面变得生动。而框架的选取既可以是实际的窗户、门，也可以是其他可以形成框架样式的物体。

利用镜头前的框架状结构将建筑主体围绕起来，作为前景的框架结构丰富了画面的层次，引导观者视线，起到强化主体的作用

35mm | f/8 | 1/125s | ISO 100

用斜线构图拍摄桥梁

在拍摄桥梁时，一般都选择斜侧面角度进行拍摄，使桥梁在画面中形成斜线构图，来表现出桥梁的跨度。同时，桥梁在画面中形成的斜线线条还起到了视觉延伸的作用，能够增强画面的纵深感。相比其他角度所拍摄桥梁的画面来说，斜线构图也能让画面显得生动不呆板。

利用斜线构图，让观者强烈地感受到桥梁跨越水面的气势和空间纵深感

18mm | f/16 | 6s | ISO 400

利用对称式构图表现张力

对称式构图在建筑摄影中运用得非常频繁。大多数建筑物在建造之初，就充分地考虑了左右对称，因为对称的建筑能使它更加平衡和稳定，在视觉上也给人一种整齐的感觉。

在构图时，要注意在画面中安排左右对称的元素。对称式构图拍摄的建筑整齐、庄重、平衡、稳定，可以烘托建筑物的恢宏气势，尤其适合表现建筑物横向的规模。但也有的摄影家在拍摄时，会有意避免完全对称的画面，而在一侧适当地安排前景或其他元素，以避免画面过于呆板。

还有另一种特殊的对称式构图，即不是表现建筑物本身的对称，而是选择在有水面的地方拍摄建筑，水上的建筑和水面的倒影形成了对称关系。如果此时湖面正好有波澜，则水上的实景和水下随风飘动的倒影会形成鲜明的对比效果。

很多建筑本身就是对称式构图，选择正中心位置拍摄可以使建筑显得更加庄重、肃穆

24mm ¦ f/7.1 ¦ 1/2s ¦ ISO 100

利用水面的倒影形成对称式构图，平静无波的水面让倒影更显静谧，富于美感

35mm ¦ f/8 ¦ 8s ¦ ISO 200

用后期完善前期：使水面倒影的大厦构图更完美、均衡

要拍摄完美的建筑倒影，除了基本的曝光和色彩方面的要求外，对环境、水面是否纯净、是否有水波等也有很高的要求。本例就来讲解通过人工合成的方式，合成出一幅构图完美、均衡的建筑倒影效果。

在本例中，首先是利用Adobe Camera Raw对照片进行HDR合成和简单的色彩润饰处理，然后再转至Photoshop中，替换新的天空，并进行润饰和倒影处理即可。

详细操作步骤请扫描二维码查看。

↑ 原始素材图

↑ 处理后的效果图

利用一点透视构图表现建筑的纵深感

如果想要表现建筑的纵深感，可以抓取建筑中深邃的走廊等具有汇聚性的结构，采用一点透视构图法进行拍摄，使画面形成很强的视觉冲击力。

采用这种透视构图法拍摄时，由于所有线条都指向画面的最深处，因此可以在该位置安排一些特别的对象，例如正在交谈的人、太阳等。

← 以一点透视的角度拍摄走廊，由于拍摄时使用了广角镜头，使线条向画面中心强烈汇聚，增强了画面的空间纵深感

17mm ┆ f/7.1 ┆ 1/40s ┆ ISO 320

三角形构图表现建筑的稳定感

三角形构图可以是正三角形构图，也可以是斜三角形或倒三角形构图。正三角形构图可以让建筑摄影的画面更加具有安定、均衡等特点，同时还可以为画面增添视觉上的和谐感。倒三角形需要细心寻找，一般在建筑的房檐等处容易形成倒三角形结构，可以增加一定的不稳定感，使画面更灵活、生动。

画面中的建筑呈现三角形，形成了三角形构图，画面带给观者稳定的视觉感受，将建筑的端庄、肃穆表现出来

55mm ┆ f/7.1 ┆ 1/500s ┆ ISO 100

采用仰视角度拍摄，将简洁的天空作为画面的背景，使其倒三角形造型在画面中获得了突显，营造了一种不稳定的感觉

53mm ┆ f/20 ┆ 1/100s ┆ ISO 100

点与形的韵律表现建筑的结构美感

建筑由于自身的性质，呈现出很多的结构美感。简单来说，有点状的美感、线条结构的美感和几何结构的美感等。

在拍摄建筑时，如果能抓住建筑的这些点与形等结构所展现出的韵律美感进行拍摄，也能获得非常优秀的作品。

选择建筑构造中的一部分，利用其本身的点、线、面形态并通过明暗、曲直、大小之间的对比变化，让照片具有趣味性和节奏感

50mm | f/5.6 | 1/80s | ISO 200

线条交错衬托建筑的形式美感

在拍摄具有镂空式的、复杂多变的网状结构建筑时，摄影者可以通过采用近景或特写来强调这类建筑的线条感、空间形式感，使画面具有强烈的形式美感。如果能够将纯净的天空纳入画面中成为背景，可以更好地对比、突出这种形式美感。

从桥梁一侧的栏杆拍摄，或从楼梯栏杆处拍摄，使画面中建筑的螺旋线条、曲线、直线、斜线有条不紊地交织在一起，使画面充满了线条美和艺术感

16mm | f/8 | 1/50s | ISO 800

利用极简主义拍摄建筑

单纯、简洁的建筑通常会给人留下深刻的印象，因此，在拍摄时可利用极简的画面组成和构图方式去表现建筑物，以得到简洁的画面效果。

寻找简单的建筑物

要利用极简主义拍摄建筑，在拍摄与构思的同时，除了要寻找简单结构的建筑物，还应推测哪些是必须留在画面中的，哪些是要摒弃的，要学会取舍以获得简洁的画面。

利用简单的构图法

通常会使用黄金分割法构图，就是指取景时将主体放在关键的线条上，这样能强化视觉，形成有意思的极简构图。

细节的美感

还可以通过建筑的细节部分来获得极简的画面效果。仔细观察建筑的每个角落，将过去那些没有在意或忽略的精致细节，通过取景技巧或构图安排，使其变得独特或呈现出超乎预期的效果。

利用建筑物简单的结构和明亮的颜色构成的画面很有美感，也能将其特点表现出来

135mm ¦ f/20 ¦ 1/250s ¦ ISO 100

利用小景深表现建筑的局部，精美的雕刻突显了建筑物的异域风情

230mm ¦ f/5.6 ¦ 1/500s ¦ ISO 100

光影的魅力

光影的把控也是拍摄极简风格建筑的关键因素之一。透过光线多层次的质感，感受画面中光线的状况，掌握时机追寻好的光线，即可运用光的色泽，诠释出建筑的不同效果。例如，在逆光时，可以以剪影的形式表现建筑的轮廓。

选择拍摄的时机，让光与影决定建筑的氛围。以一天当中的日照时间来说，若要拍出光线的质感，要在旭日东升后的一两个小时，或者太阳落山前的一两个小时进行拍摄，因为这两个时段的光线能使建筑的色彩更加丰富，同时斜射的光线会加长影子，使建筑的立体感更强。

利用点测光对天空进行测光，得到剪影效果的画面，简洁的画面将大桥的轮廓表现得很好

18mm ┆ f/9 ┆ 20s ┆ ISO 100

用后期完善前期：通过合成得到细节丰富、色彩绚丽的唯美水镇

在本例中，首先是利用图层蒙版将曝光较为正常的天空、建筑和水面三部分融合在一起，然后结合图层蒙版与调整图层功能，分别对各部分进行曝光与色彩的美化处理，最后还使用了“阴影/高光”命令，对暗部细节进行了适当的优化处理。

详细操作步骤请扫描二维码查看。

原始素材图

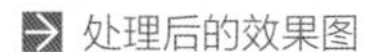

处理后的效果图

第15章

夜景摄影构图技巧实战

15.1 俯瞰夜晚的万家灯火

城市的夜景魅力十足，而想要拍摄出城市繁华的建筑和美丽的建筑群全貌，就要站在高处俯瞰整个城市。在晚上进行拍摄时，夜晚的城市有了灯光的渲染而显得更加繁华。结束了一天喧嚣的城市，迎来了霓虹闪烁的夜晚，灯光将城市夜景衬托得更加富有魅力。俯瞰车水马龙的城市美景，真是一种美的享受。

选择广角镜头拍摄城市夜景，站在高处鸟瞰城市，各种建筑尽收眼底，或高或低的建筑增添了画面的起伏感，使画面更加耐人寻味

28mm ¦ f/11 ¦ 20s ¦ ISO 100

15.2 利用对称再现建筑的完美造型

虽然建筑设计领域出现了越来越多的异形建筑，但大多数建筑的结构还是对称的，尤其是中国古代建筑讲究天圆地方的理念，所以多数建筑都是对称的。在拍摄这样的建筑时，由于建筑本身的对称性，因此需要找到一些构图元素来打破过于对称、平衡的画面，使照片在平稳、沉静之中不乏跳跃的感觉。

如果被摄建筑的周围有水，可以利用水面的倒影来构成水平对称式构图。例如，将国家大剧院唯美的半球形状，与水面的倒影结合起来，可以在画面中形成完美的对称球体，整个建筑仿佛悬浮在空中，使观者产生无限联想。

长焦镜头拍摄建筑，巧妙地利用水面倒影形成对称式构图

135mm ¦ f/5 ¦ 10s ¦ ISO 100

15.3 城市夜景倒影的构图技巧

城市建筑千篇一律的拍摄模式难免缺乏新意，而各种反光面对于周围建筑物的倒影往往会让人产生眼前一亮的感觉。汽车的引擎盖、光滑的表面及水面等都可以作为建筑物倒影的载体。

拍摄位置的变化往往会对最终的画面效果产生巨大的影响，因此可以尝试从不同的位置和角度出发，寻找并拍摄经过变形和改动后的城市建筑物的线条，以形成新颖、有趣的画面。

拍摄灯光璀璨的夜景城市时，将其在水面上的倒影也纳入其中，可为画面增添色彩缤纷的感觉

24mm ¦ f/16 ¦ 10s ¦ ISO 100

15.4　变焦形成放射线光轨

在拍摄时，快速、稳定的变焦才能得到理想的感觉，稍微晃动都有可能导致对焦点脱焦。为了保证稳定的变焦过程，得到清晰的爆炸效果，三脚架是必备的装备。

使用变焦手法拍摄夜景，可以给人一种很强烈的视觉冲击力

16mm ┆ f/8 ┆ 1/8s ┆ ISO 100

15.5　找准拍摄时间拍出蓝调夜景

要拍摄城市夜景，不能等天空完全暗下去以后，虽然那时城市里的灯光更加璀璨，但天空却缺乏色彩变化。当太阳刚刚落山、路灯刚刚开始点亮的时候，往往是拍摄夜景的最佳时机，此时的天空通常呈现为漂亮的蓝紫色。

如果希望增强画面的蓝调效果，可以将白平衡模式设置为荧光灯，或者通过手调色温的方式将色温设置为较低的数值。

在华灯初上的时候，利用暖调的灯光与冷调的天空形成强烈对比，营造出一种梦幻的夜景画面

24mm ┆ f/10 ┆ 8s ┆ ISO 100

15.6 利用日光白平衡模式营造暖色调照片

拍摄夜景时最好手动设定白平衡。如果在街道灯光下拍摄夜景，为了使画面获得暖色调效果，最好把白平衡设定为日光模式。由于日光模式在这种光源条件下强调橙色的暖色调，画面具有童话般的梦幻气氛，比用自动白平衡拍摄的效果好得多。

使用合适的白平衡得到暖色调夜景画面

35mm ┆ f/16 ┆ 15s ┆ ISO 200

15.7 利用钨丝灯白平衡拍出冷暖对比强烈的画面

在日落后的傍晚拍摄街景或有灯光照明的建筑时，由于色温较高，因此画面会呈现出强烈的冷色调效果。此时使用高色温值的阴天白平衡，可以在不过分减弱画面冷色调的情况下，强化暖调灯光，从而形成鲜明的冷暖对比，既能够突出清冷的夜色，也能利用对比突出街道或城市的繁华。

右图为使用自动白平衡拍摄的效果，左图是使用钨丝灯白平衡拍摄的冷色调照片，强烈的冷暖对比使画面更有视觉冲击力

35mm ┆ f/13 ┆ 30s ┆ ISO 400

15.8　使用星光镜增添气氛

星光镜是相机滤镜的一种，使用它可以使画面中的光亮点等点状光源光芒四射，从而产生一种特殊的艺术效果。

根据其产生光芒线条数的多少，分为十字镜、雪花镜、太阳镜等。

在夜晚拍摄强烈的点状光源或者光斑，如汽车车灯、马路上的路灯，使用星光镜就能够产生绚丽多彩的星光光束效果，增添画面气氛。

使用星光镜拍摄，使画面的繁华感更加明显

28mm ¦ f/2.2 ¦ 1/60s ¦ ISO 200

15.9　烟花构图技巧

使用广角镜头配合低水平线构图，纳入较多的天空画面，使多个绽放的烟花在画面中呈现出来

18mm ¦ f/8 ¦ 5s ¦ ISO 200

拍摄焰火时的重要准备工作就是选择拍摄地点。一般会选择距离燃放烟花位置较远的地方，拍摄时可以使用广角镜头将地面景物也纳入画面，以使画面更丰富，同时也可以使烟花看起来更生动。如果不确定烟花升起的位置，可以使用变焦镜头随时准备抓拍。

如果希望在一幅照片中拍下各种焰火效果，可以使用多重曝光的拍摄手法，即在B门曝光下按下快门键，在拍摄一朵烟火后，使用黑布遮挡住镜头，待下一朵烟花升起后，移开黑布2～4 秒。按此方法操作多次后，就能够在一个画面中合成多个烟花效果。注意在一个画面中合成的烟花数值是有限的，因为移开黑布后的总曝光时间不能超出画面合理的曝光时长。拍摄时可以根据烟花燃放的效果来选择构图，比如多个烟花形成的散点式构图、斜线构图，或在水边拍摄时形成对称式构图等。

需要注意的是，拍摄时一定要使用三脚架确保相机的稳定，以免影响烟花质量。

15.10 水景夜色

因为有了水的存在，城市的夜景更加迷人。喷水池、河流边、湖畔都可以拍摄水光一色的夜景，比如下图中岸上的高楼大厦与水中的倒影相得益彰，别有韵味。水影迷离的夜景会有更多的遐想空间，当水面将灯光倒映出来时，画面会别具情调。

水边的建筑物和灯光在水面上形成倒影，实物与倒影相映成趣，分外迷人

50mm ┆ f/10 ┆ 6s ┆ ISO 250

用后期完善前期：模拟失焦拍摄的唯美光斑

在本例中，将以“场景模糊”命令为主，制作唯美的光斑效果，通过调整适当的参数，摄影者可以得到不同大小、密度以及亮度范围的光斑效果。另外，在制作光斑后，画面会显得有些灰暗，此时还要注意调整整体的亮度与对比度。

详细操作步骤请扫描二维码查看。

原始素材图

处理后的效果图

15.11 星轨构图技巧

面对满天的繁星，如果使用极低的快门速度进行拍摄，随着地球的自转，星星会呈现为漂亮的弧形轨迹。如果时间够长的话，会演变为一个个圆圈，仿佛一个巨型的旋涡笼罩着大地，获得正常观看状态下无法见到的效果，使画面充满神奇色彩。

需要注意的是，拍摄时通常要经过30分钟至两小时的曝光时间，所以还要保证电池具有充足的电量。另外，为了保证画面的清晰度与锐度，一个稳定性优良的三脚架是必不可少的。如果风比较大，还需要在三脚架上悬挂一些有重量的东西，以保证三脚架的稳定。

拍摄时使用广角镜头，采用30分钟的快门速度拍摄星空，星星的运动轨迹围绕着北极，呈圆形轨迹，仿佛一个巨型的旋涡笼罩着大地，使画面充满了神奇色彩

16mm | f/16 | 3660s | ISO 200

用后期完善前期：使用堆栈合成国家大剧院完美星轨

要将拍摄的多张照片合成为星轨，使用的技术较为简单，只需要将照片堆栈在一起并设置适当的堆栈模式即可，其重点在于前期拍摄时的构图、相机设置以及拍摄的张数等。当然，除了单纯的星轨合成之外，我们还需要合成后的效果进行一定的处理，如曝光、色彩以及降噪等。

详细操作步骤请扫描二维码查看。

原始素材图

处理后的效果图

第16章

动物与禽鸟摄影构图技巧实战

16.1 合理利用背景与其他环境因素

利用暗调背景进行对比表现

占据较大面积的暗调背景使画面整体影调倾向于低调，获得一种严肃、神秘、厚重的画面效果，给观者以稳重、深沉、含蓄之感，易引起观者对画面产生想象。在整体基调的映衬之下，画面主体会产生一种独具特色的凝重的美。

利用亮调背景进行对比表现

大面积的亮调背景使画面呈现出高调的效果。大面积的亮影调背景使画面获得一种愉悦、轻盈、优美、纯洁、宁静、清秀和舒畅的感受，给观者轻松、悦目之感，使画面充满了生机。而在其映衬之下画面主体也会传达、呈现出相应的视觉和心理感受。

湖水在画面中呈深暗影调，使被暖色光源照射的天鹅在画面中更加耀眼

50mm | f/8 | 1/250s | ISO 100

以白色的冰雪作为画面背景，使画面获得纯净、轻盈的视觉效果，还使主体企鹅更加突出

50mm | f/8 | 1/320s | ISO 100

利用前景烘托画面主体表现

画面前景是指位于被摄主体前面或靠近镜头的景物，但在拍摄时所谓的前景位置并没有特别规定，主要根据被摄物体的特征和构图需要来决定。前景可以增加画面中的虚实结构，带来空间透视感，还可以起到烘托画面主体的作用。

在拍摄时，不当的处理会使前景干扰到画面主体的呈现，分散观者注意力。这时，摄影者可以考虑结合一些拍摄设置将前景虚化处理，使前景景物模糊，制造出虚实有度的画面节奏，以此来烘托主体，渲染意境。

以草地为前景，使画面有较好的层次感，同时也使画面有自然感

105mm | f/5.6 | 1/250s | ISO 100

利用背景增强画面主题表现

背景就是在被摄物体背后的一切景物。不同的背景选择和不同的表现手法都可以使画面看起来更有意境。

同时，背景还可以丰富画面的信息量，延展画面的可读性，渲染画面意境，使画面在表现力方面更加饱满、有张力。

在拍摄时，背景除了可以交代一定的环境信息，还可以将一些具有感性色彩的元素纳入画面，如西下的夕阳弥漫着惬意、古道西风夹杂出游子的孤寂等，以扩展图片的信息量，渲染气氛。

夕阳时的天空、山形成了这张照片中的背景，衬托出前景中呈剪影效果的马，画面既具有自然感，也有艺术感

200mm | f/9 | 1/640s | ISO 200

16.2 常用的构图方式

三分法构图

三分法构图也可以运用在鸟类摄影中，主体摆放位置的不同会给画面带来截然不同的感觉，可以多做尝试。

处在画面右侧三分之一线上的鸟儿更容易吸引观者的视线，画面的其余空间则交代了鸟儿所处的环境

400mm ┆ f/7.1 ┆ 1/2000s ┆ ISO 400

斜线构图

拍摄鸟类摄影可以使用的构图方法有很多，其中斜线构图最为常用，且可以根据不同表现形式、不同鸟类来使用斜线构图。下面就简单介绍一下使用斜线构图的方法。

拍摄静态鸟儿时使用斜线构图可以表现其安静的状态及其形态感，而拍摄动态鸟儿时则可以突出其动感、速度感。如果将斜线构图进行延伸，还可以分为对角线构图，可以突出画面的延伸感；两条斜线的构图可以构成平行的斜线构图、X形、V形等构图，使画面更平衡；除此之外，斜线构图还可以利用视觉延伸来形成，使画面更有意境。

鸟儿飞翔时展开的翅膀可以形成斜线，如果从正面拍摄可以一同表现鸟儿的正面形态。从鸟儿的正面拍摄，再适当倾斜相机，使其形成斜线或对角线构图，使画面极具动感。但拍摄时需要注意对背景的处理，建议使用大光圈将背景虚化，避免杂乱的背景干扰主体

400mm ┆ f/5.6 ┆ 1/1600s ┆ ISO 200

拍摄在倾斜的树枝上休憩的鸟儿，通过倾斜相机使其形成对角线构图，但这种构图不是要表现鸟儿的动感，而是要表现画面的形式美感，不同形态且分布较均匀的鸟儿形成重复构图，与倾斜的树枝之间有了很好的呼应，以蓝天为背景可以突出主体，使画面更简洁

300mm ┆ f/8 ┆ 1/1000s ┆ ISO 100

中心构图

中心构图可突出表现鸟儿的动作，让鸟儿的绝对主体地位得到突出，同时忽略对于环境的表现。

采用中心构图和简洁的背景，使观者的目光在接触到画面的瞬间，立刻集中在面部非常有特色的鸟儿身上

250mm ┆ f/5 ┆ 1/125s ┆ ISO 800

散点式构图

表现群鸟时通常使用散点式构图，可利用广角表现场面的宏大，也可利用长焦截取局部进行表现，使鸟群充满画面。如果拍摄时鸟群正在飞行，则最好将曝光模式设置为快门优先，高速快门在画面中定格清晰的飞鸟。此外，应该采用高速连拍的方式拍摄多张照片，从而确保从这些照片中选出飞鸟在画面中分散的位置恰当、画面疏密有致的精美照片。

使用长焦镜头仰视角度拍摄天空中形态各异的飞鸟，以蓝色天空为背景使飞鸟更加突出，得到和谐、自然的画面

200mm ┆ f/7.1 ┆ 1/1250s ┆ ISO 400

对称式构图

在鸟类摄影中，对称式构图通常有两种表现形式：首先可以通过水面倒影来呈现，这种对称的运用可以为画面增添活力；还可以通过鸟儿的自身姿态形成对称，这种画面比较难以捕捉，需要细心观察、耐心等待。不过这种对称也会带来极大的乐趣，使照片具有观赏性。

在平静的水面上拍摄，水面上黑脸琵鹭的倒影较为清晰，与其主体形成对称式构图，使画面有一种协调、平稳的宁静感

300mm | f/9 | 1/500s | ISO 200

曲线构图

鸟儿的颈部大多都十分优美，且富于变化，只需适当截取就是很不错的曲线构图，另外，部分鸟儿身体柔软，也非常容易形成曲线构图，既增加画面的韵律感，同时还给人柔美的视觉感受。

400mm | f/6.3 | 1/500s | ISO 160

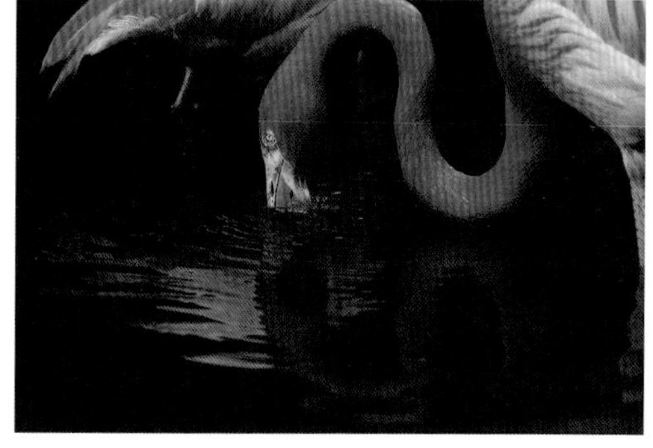

400mm | f/8 | 1/400s | ISO 320

采用曲线构图表现黑天鹅和火烈鸟的优美的脖颈线条，使画面非常具有形式美感

16.3 留白让飞鸟有运动空间

留白为飞鸟留出运动空间

如果在运动物体的前方留出空白，就能够形成运动空间，以帮助观者感受物体的运动趋势，这符合观者的视觉习惯，不会由于视线受阻而产生不舒服的感觉。因此在拍摄飞行中的鸟儿时，应该刻意在其运动方向的前方留出一定的空间，以避免画面给人以“头撞南墙”的阻塞感。

利用留白表现剪影形式的飞鸟，使画面更加简洁，且很有意境美

300mm ┆ f/6.3 ┆ 1/800s ┆ ISO 400

200mm ┆ f/8 ┆ 1/1000s ┆ ISO 200

320mm ┆ f/5.6 ┆ 1/500s ┆ ISO 200

利用飞鸟在画面中的面积表现运动空间大小

飞鸟在画面中占据的面积大小也会影响其运动空间的大小，飞鸟的体积越小，画面的运动空间看起来就越大。因此，若想得到视觉上很有冲击力的画面，可使飞鸟在画面中占据较大的面积；若想使画面的运动空间看起来很大，则可使飞鸟在画面中占据的面积小一些，而留白的面积大一些。

构图时有意使飞鸟在画面中占的面积较小，且在其前方留出空间，使画面更加空灵、舒适

16.4 运用对比

动静对比体现动感

想要得到构图较好的画面效果，画面应该统一之中有变化，变化之中有统一，使画面在视觉上最终呈现最理想的效果。动静对比效果的应用不仅可以获得较具视觉节奏感的画面效果，同时还使得动与静相辅相成，在静的映衬之下，动会被更加鲜明地突显出来，从而使整体画面更具另类的动感。

↑ 鸟儿的翅膀呈虚影状，与花朵形成了明显的动静对比

400mm ┊ f/7.1 ┊ 1/400s ┊ ISO 320

↑ 摄影师采用斜线构图，并且适当降低快门速度使鸟儿的翅膀呈虚影效果，画面非常有动感

350mm ┊ f/5 ┊ 1/320s ┊ ISO 400

虚实对比体现空间感

“藏虚露实，虚宾实主，以虚托实，虚中有实，虚实相间”，用来描绘画面的虚实效果再合适不过了。在具体的拍摄中，可以将画面主体呈现为较实的影像，而将居于画面中的次要部分呈现为较虚的影像，以实衬虚，以虚托实，虚实有度，虚实相间，最终在画面呈现出较好的节奏感与视觉空间感。

↑ 画面中大面积的虚化背景与毫微毕露的前景形成了较好的虚实节奏感

105mm ┊ f/3.5 ┊ 1/320s ┊ ISO 100

明暗对比体现鲜艳的羽毛

色彩的明度直接影响饱和度。对同一色别来说，明度适中时，饱和度最大，明度或大或小都会相应减小饱和度。因此常用明度较低的低饱和度色彩作为画面背景，可以突显主体鲜艳的毛、羽。

在暗色背景的衬托下，前景处被光照亮的鸟儿身上的鲜艳羽毛在画面中非常突出

300mm ┆ f/5.6 ┆ 1/400s ┆ ISO 160

在暗色背景和侧光的运用下，猫咪的毛发色彩被表现得很好

35mm ┆ f/5.6 ┆ 1/320s ┆ ISO 100

用后期完善前期：通过锐化得到鸟类“数毛片”

鸟类照片的锐化主要可以分为两部分，一是针对小细节的锐化处理，二是对更大面积的羽毛进行提升立体感的处理，二者相结合，就可以形成具有层次的、高锐度的羽毛效果。

本例主要是使用“高反差保留”命令、图层混合模式提高大块区域的立体感和少量锐度，然后再使用“智能锐化”命令，对小块的细节进行锐化处理，并消除由于锐化产生的图像边缘的“白印”。

详细操作步骤请扫描二维码查看。

原始素材图

处理后的效果图